아이가 잘 노는 집

아이가 잘 노는 집

초판 1쇄 인쇄 2014년 6월 10일
초판 1쇄 발행 2014년 6월 16일

지은이 주디스 윌슨
사 진 데비 트레로어
옮긴이 유미영

책임편집 유명화
책임디자인 최성경

펴낸이 이상순
주 간 서인찬
편집장 박윤주
기획편집 김초희, 주리아, 김설아, 서한솔
디자인 유영준
마케팅 홍보 이상광, 박성신, 박순주

펴낸곳 (주)도서출판 아름다운사람들
주소 (413-756) 경기도 파주시 회동길 103
대표전화 031-955-1001 **팩스** 031-955-1083
이메일 books777@naver.com
홈페이지 www.books114.net

Children's Spaces from zero to ten

CHILDREN'S SPACES
FROM ZERO TO TEN

아이가 잘 노는 집

영리한 영국 엄마의
아이 집 꾸미기

주디스 윌슨 지음 | 데비 트레로어 사진
유미영 옮김

아름다운사람들

아이는 인공적이며 인위적인 공간에
생기를 불어넣는다

아이는 참 별나다. 일단 기어 다니기 시작하면 가만히 있는 법이 없고 어디든 가려 한다. 이렇게 아기가 움직이기 시작하면 집 안 구석구석은 온전하질 않는다. 엄마가 '살림의 여왕, 정리의 여왕, 수납의 여왕'일지라도 말이다. 그리고 갓 태어난 신생아나 성장기에 있는 아이일지라도 한 아이에 딸린 살림살이는 어른과 맞먹는다. 더군다나 아이는 늘 시끄럽고 집안을 어지를 수 있는 많은 장난감을 한가득 가지고 있다. 아이가 있는 집은 이래서 아무리 잘 꾸며놓은 집이라도 엉망이 되기 쉽다.

그렇다면 아이들이 없는 집은 깨끗할까? 물론 정리 정돈은 잘 되겠지만 아이가 없는 집은 사람 사는 느낌이 덜하다. 휑하고 삭막해 '우리 집'의 온기가 느껴지지 않는다. 비록 아이들은 어수선하게 흔적을 남기지만, 아이는 인공

적이며 인위적인 공간에 생기를 불어넣는다. 살아 숨 쉬며 체온을 나누는 아이라는 존재는 인테리어 있어서는 최고의 액세서리라 할 수 있다. 이런 의미에서 이 책은 아이들의 신체적·창의적 자유를 포기하면서 어른 취향에 맞게 집을 꾸미는 것을 반대한다. 부모와 아이 그 누구의 스타일을 희생하지 않고도 좋은 디자인이 동시에 공존할 수 있다는 것을 실제 사례를 통해 보여주고자 한다. 이를 통해 엄마, 아빠는 아이 방을 일일이 꾸미는 방법보다 아이와 함께하는 방법을 공간에 어떻게 설계하는지 보게 될 것이며, 여러 집을 보면서 아이디어를 얻을 수 있을 것이다.

아이 방 인테리어의 출발은 편리함, 안락함 그리고 여유를 공간에 세팅하는 것이라 할 수 있다. 공간의 효율성을 꾀한 성공한 인테리어는 이런 정신적인 선물을 공간의 주인들에게 선사한다. 아이들에게 실용적인 공간과 효율적인 수납 시스템을 갖춰져 보라. 그러면 부모는 뒷정리하는 시간과 수고를 줄이고, 여유 시간을 얻는다. 잠을 더 청할 수도 있고, 거실에서 아이의 방해를 받지 않으면서 '어른다운' 시간을 보낼 수 있다. 공간이 잘 계획됨으로써 얻어지는 이런 즐거움은 아이들도 좋아한다. 자기만의 공간에서 '나만의 시간'을 보내는 즐거움은 아이도 바라고 기꺼워하는 즐거운 선물이다. 이래서 집은 인테리어를 통해 단순 주거 공간에서 벗어나 사람이 살고 싶은, 살기 좋은 공간이 되어야 한다는 것이다. 이 책이 가장 관심을 두는 것 또한 이 지점이다.

첫 아이의 탄생을 기다리면서 멋진 공간을 계획하고 있거나 아이들이 커가면서 좁아진 집을 새롭게 다시 바꿔야 하는 상황, 이사를 하면서 인테리어 계획을 처음부터 세워야 하는 상황 등 그 어떤 경우라도 아이 방을 디자인할 때는 신중한 고려와 세심한 배려가 꼭 필요하다. 모든 실용적인 요소를 먼저 살펴서 디자인하고, 마지막에 어떻게 꾸밀지 생각한다. 사실 공간 디자인을 끝내면 실내 장식은 한결 수월하므로 먼저 아이에게 필요한 공간에 대해 생각을 집중해야 한다. 아이들이 필요로 하는 것은 '뻔'하다고 생각할 수도 있지만, 아이의 성장에 따라 그 요구는 빠른 속도로 변화하고 신생아의 경우는 더욱 중요하다. 보행기에 앉아 발로 차고 옹알이를 하는 아기조차도 그들만의 생활에 맞는 공간이 필요하기 때문이다.

아이 방 인테리어의 원칙은 간단하다. 모든 제품은 실용적이면서 보기에도 좋아야 한다. 아이라고 화려한 색, 귀여운 디자인이나 캐릭터를 좋아할 거라는 편견도 버려야 한다. 아이의 생각과 감각을 존중하고 칭찬하면서 아이와 함께 인테리어를 계획한다면 가족 모두에게 재미있고, 유쾌한 '우리 가족만'의 공간을 만들 수 있다.

주디스 윌슨

views

아이 방은 언제 꾸며야 하나요?
적절한 타이밍이 있나요?

인테리어 스타일리스트에게 아이 방은 가장 까다로운 공간이다. 우리나라 집 구조상 아이 방은 공간이 협소하고, 아이 성장에 따라 유동적인 디자인이 필요하기 때문이다. 또 아이 방은 공부방, 놀이 방, 잠자는 방 등 여러 기능을 하기 때문에 많은 고민을 해야 한다. 아이에게 최적화된 인테리어는 아이가 자신의 공간을 소중하게 생각하고, 즐겁고 행복하게 지낼 수 있는 원동력이 되기에 신중할 수밖에 없다.

"아이 방은 언제 꾸며야 하나요? 적절한 타이밍이 있나요?"
엄마들이 가장 많이 물어오는 질문이다. 대개는 임신 중인 엄마, 초등학교 입학 직전의 자녀를 둔 엄마들에게서 이런 질문을 주로 받곤 하는데, 그럴 때는 인테리어 스타일리스트가 아닌 아이를 키우는 같은 엄마의 입장에서 먼저 답을 해준다. 아기 때는 부모와 한방을 쓰는 경우가 훨씬 많고, 초등학교 저학년 때는 거실에 있는 탁자나 식탁에서 숙제를 봐주기 때문에 아이가 열 살 즈음이 되었을 때 새롭게 인테리어를 하는 것이 좋겠다는 답을 준다.

그러고는 본연의 업무로 돌아가 서너 평 남짓한 공간에 침대, 책장, 책상, 옷장, 수납장까지 모든 걸 다 넣으려는 욕심을 버리라고 조언한다. 또 경우에 따라 아이가 둘이라면 각각 하나의 방을 사용해도 좋지만, 형제라면 라이프스타일을 고려해 잠자는 방과 놀이 방으로 구분하고, 공부방은 부모님과 함께 서재를 쓰는 것도 좋은 방법일 수 있다고 말한다. 이런 아이디어는 오랜 기간 일하면서 경험 많은 선배 엄마들의 조언을 귀담아 듣고 이를 디자인에 반영해 수차례의 시도를 통해 얻은 성공적인 인테리어 팁이다. 생활밀착형 인테리어라고 부를 수 있겠다.

아이 방을 디자인할 때면 외국 인테리어 책을 살펴보곤 한다. 세련미가 있으면서도 자유로운 분위기를 유지하는 외국의 인테리어를 볼 때면 그들의 타고난 색채 감각이나 디자인 감각이 마냥 부럽다. 훈련한다고 해서 키워지는 감각이 아니기 때문이다. 어릴 때부터 보고 자란 환경에서 배우는 빼어난 디자인 감각을 부러워할 수밖에 없다. 그나마 다행히 우리나라도 생활수준이 높아지면서 아이들의 패션 감각은 물론 색채 감각이 매우 높아졌다. 개성도 강해진 것 같다. 이렇게 아이의 감각을 올려놓은 부모의 배려와 정성이 반갑다. 부모가 환경을 꾸며주는 것도 좋지만 아이와 함께 디자인한 방에서 자라는 아이들의 만족도까지 염두에 두기를 바래본다.

영국의 인테리어 스타일리스트 주디 윌슨이 쓴 이 책은 단순히 예쁘게 꾸미는 인테리어가 아닌 라이프스타일을 디자인에 적용한, 여러 가정의 좋은 디자인을 실례로 보여주며 제대로 된 아이 방 인테리어를 제안한다. 공간을 아기 방, 여자아이 방, 남자아이 방, 아이들이 함께 쓰는 방, 욕실, 놀이 공간, 식사 공간, 수납공간, 야외 공간으로 나눠 실제 생활하고 있는 사례를 보여준다. 연령별, 공간별로 다양한 상황과 적용하기 알맞은 아이디어가 풍부해 우리 집 평수나 상황에 맞게 알토랑 같은 실용만점의 정보를 쏙쏙 집어낼 수 있다. 비록 옥탑방이나 야외 정원 꾸밈 요령이 소개되었지만 이는 주택을 선호하는 새로운 인테리어 열풍을 감안한다면 언젠가는 요긴하게 쓰일 것이므로 이 정보 또한 알아두면 유익하다.

이 책은 데커레이션 용품으로만 꾸미는 인테리어는 결코 좋은 인테리어는 아니라는 것을 설득력 있게 보여준다. 한마디로 아이들의 공간이 어른들의 공간과 자연스럽게 생활 속에서 어우러지는 해법을 주는 책이다. 또 아이가 놀고 난 뒤 장난감을 치우지 않는다고 무작정 혼내지 말고 손만 뻗으면 정리할 수 있도록 상자나 바구니를 놓아두고, 수납 용품 그 자체를 인테리어 요소로 살리는 등의 다양한 방법으로 아이들 가구 활용법을 보여준다.

마지막으로 사족을 붙이자면 최대한 우리나라 실정에 맞는 자재나 가구 이름으로 번역을 했지만, 익숙하지 않은 인테리어 용어는 제대로 알리고 싶은 마음에 좀 길게 느껴질 정도의 설명을 했다. 예를 들면 침대 하나만 하더라도 여러 가지 디자인에 따라 다른 이름으로 불리는데, 우리나라는 아직 단순히 그냥 침대라고 부른다. 이런 용어를 풀어내는 것은 내게도 많은 도움이 되었지만, 인테리어 디자인을 하는 후배들에게도 도움이 될 것이라 생각하며 한 것이니 너그러이 봐주었으면 좋겠다. 이 책이 아이와 부모 모두가 행복해지는 좋은 인테리어를 위한 지침서임은 분명하니, 『아이가 잘 노는 집』으로 우리 아이의 행복을 디자인하기 바란다.

유미영

차례

**PART 1
ROOMS FOR BABIES**

엄마가 주는
첫 선물,
아기 방
인테리어

PART 4
SHARED ROOMS

형제자매 또는
남매의 방,
따로 또 같이
인테리어

PART 5
BATHROOMS

아이를
배려하는 공간,
키즈 욕실
인테리어

PART 6
PLAY SPACES

아이 잘 노는
집의 핵심,
놀이 공간
인테리어

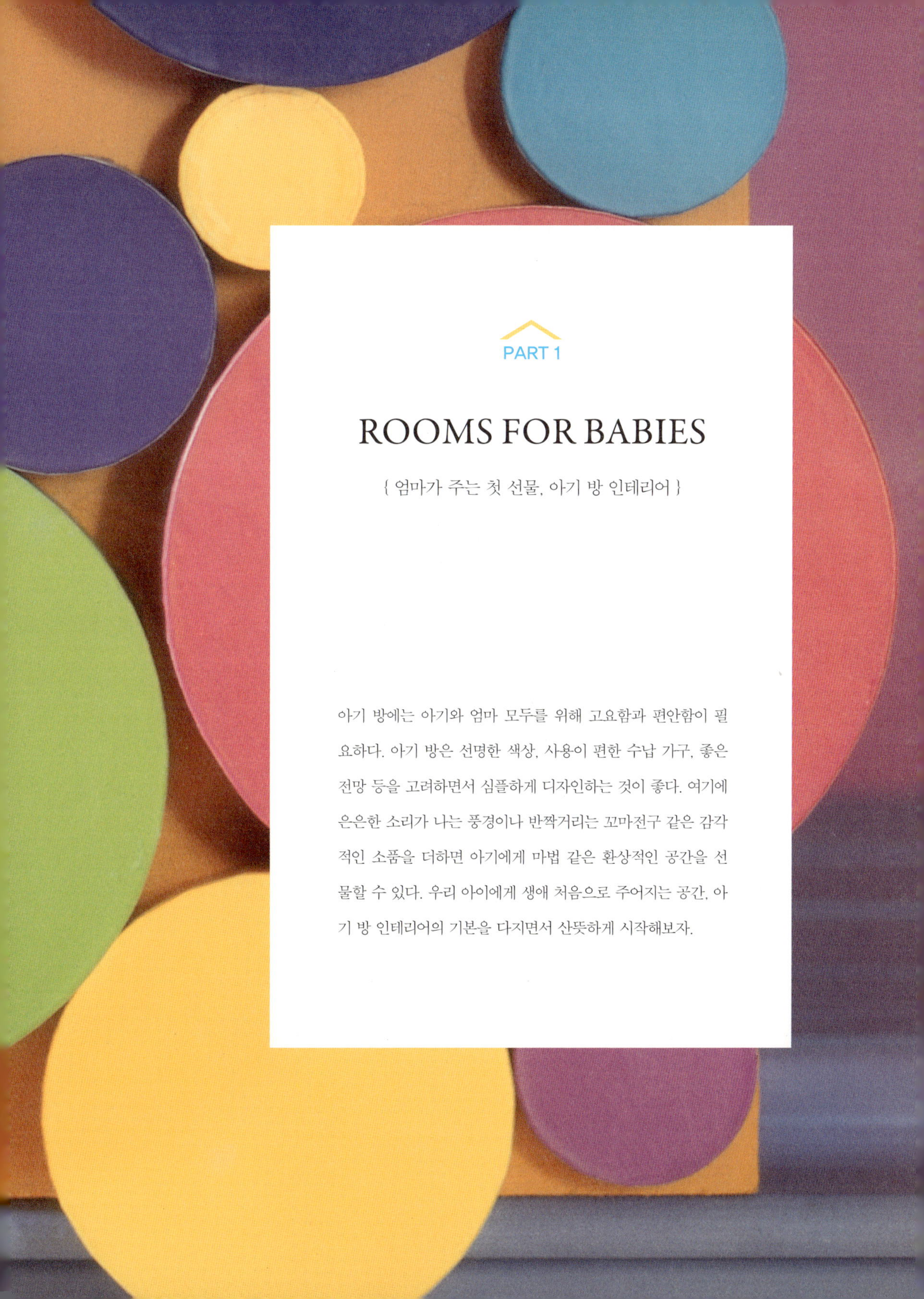

ROOMS FOR BABIES

{ 엄마가 주는 첫 선물, 아기 방 인테리어 }

아기 방에는 아기와 엄마 모두를 위해 고요함과 편안함이 필요하다. 아기 방은 선명한 색상, 사용이 편한 수납 가구, 좋은 전망 등을 고려하면서 심플하게 디자인하는 것이 좋다. 여기에 은은한 소리가 나는 풍경이나 반짝거리는 꼬마전구 같은 감각적인 소품을 더하면 아기에게 마법 같은 환상적인 공간을 선물할 수 있다. 우리 아이에게 생애 처음으로 주어지는 공간, 아기 방 인테리어의 기본을 다지면서 산뜻하게 시작해보자.

FURNITURE

아기에게 방이 필요한 시기는?

갓 태어난 아기는 부모 옆에 있을 때 편안해하므로 3개월이 되기 전까지는 독립된 아이 방에서 따로 생활하지 않는 게 일반적이다. 그런데 첫아이의 출산을 앞두고 있는 엄마가 아기 방에 대해 생각하지 않을 수 있을까. 주변의 만류에도 불구하고 출산 예정일을 앞둔 엄마, 아빠는 아기 방에 대한 생각만으로도 흥분하기 마련이다. 여기서 명심할 것, 처음 아이 방을 꾸밀 때 들뜬 마음으로 이것저것 많은 물건을 구매하는 것은 좋지 않다.

아기 방은 심플하면서도 사랑스런 분위기로 연출한다. 침대 프레임에 하트 모양을 장식한 화이트 워싱 가구는 아기 방을 예쁘고 심플하게 만든다. 나무집게를 고정한 판자를 벽에 설치해 가족사진, 아기 스냅 사진, 그림 등을 바꿔가면서 붙일 수 있게 했다. 이렇게 아기의 시선이 향하는 위치에 사진을 놓아주면 시각을 자극할 수 있고, 교체가 용이해 다양한 변화를 줄 수 있어 좋다.

ride

화이트로 산뜻하게 마감한 벽에 파스텔 톤으로 칠한 옷걸이를 설치하고 귀여운 아기 옷을 걸어 밋밋할 수 있는 공간에 포인트를 주었다. 의류 수납은 구획이 나눠진 오픈 수납장을 이용, 뒤죽박죽 섞이기 쉬운 옷을 찾기 쉽게, 한눈에 알아보기 쉽게 정리 수납하였다.

물론 신생아도 방이 필요하다. 기저귀를 갈고 옷을 보관하고 장난감을 준비해두는 작은 방 정도면 괜찮다. 3개월 미만의 아기는 자기 방보다는 엄마, 아빠의 시선에서 벗어나지 않는 곳에서 노는 것이 가장 안전하며, 아기도 안정을 얻게 된다.

아기 방 인테리어 기준이 되는 가구

아기를 돌보는 일은 대부분 침대에서 이루어지므로 심플한 디자인의 실용적인 침대를 추천한다. 소나무 소재에 흰색 페인트를 칠한 침대가 무난하다. 튼튼한 나무와 철재 장식이 부착된 앤티크한 스타일이나 레트로 스타일(복고풍)의 가구는 아기 방을 돋보이게 만들 수도 있다. 그러나 침대 크기가 대부분 표준 규격이 아니라서 침대에 맞는 새 매트리스가 필요한 경우가 많다. 별도로 매트리스를 맞춰야 한다거나 보호용 칸막이가 있는 침대는 아이가 성장함에 따라 다시 바꿔줘야 하는 번거로움이 따른다. 그래서 비용을 감안하고, 효율을 고려한다면 대중적이고 꾸밈없는 단순한 스타일을 찾는 것이 감각적일 수 있다.

아기를 돋보이게 하는 침구가 좋다

범퍼에 프릴이나 장식이 많으면 아기 방이 요란하고 어수선해 보인다. 퀼팅한 프릴 없는 단순한 색상의 패딩 범퍼 정도면 움직임이 많은 아기의 머리를 보호하기에 충분하다. 침구는 면 시트나 담요 또는 얇게 누빈 이불 정도면 적당하다. 아기가 성장하는 속도에 따라 베개와 솜을 넣는 이불 등은 추가로 구매하면 된다. 유아용 담요와 시트는 파스텔 톤부터 화사한 색상까지 아주 다양해 고르는 재미가 있다. 침구는 서로 다른 무늬를 코디하거나 레트로 스타일을 추가하는 등의 방법을 통해 다양한 연출을 시도해볼 수 있다. 가령, 분홍색 체크무늬 시트에 오렌지 컬러의 담요를 매치할 수 있고, 화이트 리넨에 갈매기 모양이 프린트된 베개 커버를 매치해 화사하거나 깨끗한 느낌을 낼 수 있다. 이불은 작은 무늬를 반복한 패턴보다 큼직한 모티프 하나로 디자인한 것이 더 세련된 느낌을 준다.

아기 방에 꼭 준비했으면 하는 가구

기저귀 교환대를 구입하는 것도 좋지만 기저귀를 갈 때 이용할 효율적인 공간을 만드는 것도 방법이다. 가슴 높이 정도가 되는 적당한 크기의 서랍장이 있다면 상판에 방수 패드를 깔고 이를 교환대로 사용해보자. 서랍장과 기저귀 교환대를 겸하는 이런 아이디어는 비용 절감은 물론 공간의 효율성을 기

벽 장식을 최소화하고, 밝은 색상의 페인트를 칠해 아늑한 분위기를 연출한 아기 방. 달걀노른자처럼 짙은 노란색 벽면에 서랍장, 진홍색 이불, 라임색 의자를 놓아 강한 색상 대비를 이룬다. 이런 대담한 색상 매치는 공간을 현대적인 분위기로 만들고 유쾌하게 한다. 큼직한 간이침대에 천을 씌운 프레임 난간을 설치하는 것은 정식 침대를 사용하기에는 아직 이른 돌 지난 무렵의 아이를 키우는 엄마들이 활용해봄 직하다.

대리석 상판의 체리목 서랍장은 창가에 놓아 기저귀 교환대로 활용하고, 랙으로 만든 실용적인 옷장에 옷과 신발 등의 의류를 수납했다.

할 수 있다. 이때 기저귀, 물티슈, 아기 전용 크림 등의 아기용품을 첫 번째 서랍에 넣어두면 기저귀를 갈 때 편리하고, 호기심 많은 다른 형제들의 손이 닿지 않아 안전을 꾀할 수도 있다.

또 다른 방법으로는 팔이 닿는 위치의 벽에 선반을 달아 아기용품을 얹어두면 사용하기 편리하다. 만약 아기 방 공간이 충분하다면 기저귀 교환대를 주문 제작하는 것도 방법이다. 그럴 때는 의류, 기저귀를 수납할 수 있는 서랍을 충분히 고려하고, 기저귀 교환대로 사용하는 매트는 영구적일 필요가 없으므로 나중에 다른 용도로 사용할 수 있게 합리적으로 디자인한다.

매트는 유행에 따라 동물이나 구름 문양, 아이들이 좋아하는 캐릭터로 장식하면 된다. 기저귀 교환대 위에 모빌을 달면 좋은데, 판매하는 제품을 사도 좋지만 클립을 이용해 카탈로그 사진이나 추상적인 그림으로 꾸며진 엽서를 매달아 직접 만드는 것도 좋다.

엄마를 위한 가구도 준비한다

수유를 할 때는 밝은 색의 면이나 깨끗한 리넨, 타월 재질의 튼튼하고 세탁이 쉬운 천을 씌운 안락의자가 좋다. 바닥 공간이 충분하다면 빈백(bean bag) 의자나 닦아서 사용할 수 있는 비닐 소재의 큐브 의자도 추천한다. 이런 의자들은 나중에 아이가 앉거나 서는 연습을 할 때 사용할 수도 있다.

아기 방은 어린 여자아이들이 좋아하는 연한 분홍색과 흰색으로 꾸며 사랑스럽고
발랄한 분위기를 연출했다. 흰색 벽, 흰색 침대와 색이 거의 들어가지 않은 카펫으
로 소박하고 차분한 느낌을 준 이런 공간에 포인트를 주고자 할 때는 연분홍색의
인형이나 침구류를 준비해 놓아두는 정도면 충분하다.

자연채광을 조절하는 좋은 방법

아이가 깨지 않고 깊이 잠들게 하려면 빛을 확실하게 차단해줘야 한다. 안막 롤 블라인드나 로만 쉐이드가 심플하고 산뜻해서 좋다. 창문 장식은 깔끔해야 방이 모던해 보이므로 커튼을 원하면 무늬가 없는 밝은 파스텔 톤을 사용하거나 귀여운 모티프가 들어간 천을 사용하는 것이 좋다. 문양이 너무 화려하거나 추상적이면 싫증 나기 쉬우므로 너무 비싸지 않은 적당한 가격대의 제품을 사용한다.

천장이 경사진 다락방은 아늑한 아기 방을 만들기에 좋은 장소다. 천창 바로 아래에 침대를 배치하면 자연 채광을 백분 활용할 수 있다. 단, 아기가 눈이 부시지 않도록 블라인드를 설치해 직사광선을 차단해준다.

아늑한 분위기 연출에는 페인팅 인테리어

페인트를 칠한 벽이나 마룻바닥은 편안하고 아늑한 분위기를 만든다. 어떤 색으로 칠할 지는 아이가 자라서 자기의 취향이 생기기 전까지는 부모가 좋아하는 색상으로 해두는 것도 괜찮다. 흰색으로 칠한 벽과 나뭇결이 그대로 살아 있는 자연스러운 마룻바닥은 소품을 돋보이게 해 공간을 깔끔하게 연출하기에는 그만이다.

과감한 스타일을 원한다면 체리목 바닥재나 레드 컬러, 터키석 마감재를 사용해도 좋지만, 시행착오를 고려해 먼저 시뮬레이션을 할 필요가 있다. 다행

모든 아기 방이 화려하지는 않다. 이 집은 부모 침실에 여유 공간이 있어 칸막이 역할을 하는 미닫이문을 달아 공간을 나누고 침대를 배치했다. 부모는 아이를 항상 지켜볼 수 있어 안심할 수 있고, 아기는 독립된 공간에서 조용하게 쉴 수 있어 좋다.

솔직히 베이지 톤의 색상이 모든 부모와 아기에게 적합한 것은 아니다. 좁은 아기 방을 화려하게 꾸미고 싶다면 강렬한 색상의 스트라이프와 강한 라임색을 선택해 독특한 실루엣을 만든다. 사진처럼 벽을 스트라이프 패턴으로 꾸미려면 바탕이 되는 분홍색을 먼저 칠하고, 마스킹테이프를 이용해 스트라이프 폭을 정한 다음 차례로 어울리는 색을 칠한다. 더 쉽게는 다양한 폭의 마스킹테이프를 색깔별로 구매해 벽에 붙여도 된다. 방 전체가 화려한 것이 부담스럽다면 그림 그리는 캔버스에 스트라이프를 칠해 액자처럼 걸어서 장식하는 것도 좋은 방법이다.

히 무난한 파스텔 톤의 색상을 좋아한다면 라벤더 같은 연한 보랏빛, 옐로우, 블루 등으로 벽을 마감해도 좋다. 이런 색상은 아이들이 갖고 있는 원색의 장난감과 잘 어울려 별도로 장식 소품이 없이도 아기 방을 예쁘게 꾸밀 수 있다. 혹시 벽이 지나치게 심심해 보인다면 스트라이프나 큰 원 같은 선이나 도형을 그려 넣는 것도 좋다.

모빌 보다 먼저 신경 써야 하는 천장

아기 방을 꾸밀 때는 아기가 누워 지낼 침대에 직접 누워보는 것이 중요하다. 아이의 눈높이에서 보이는 전망을 확인하고 가구 배치와 소품 위치를 조정한다. 아이 시선이 창밖의 나무에 머물고, 햇빛이 들어오는 창을 통해 구름을 볼 수 있을까? 그렇지 않다면 당장 침대 배치를 바꿔준다.

천장에 한지로 만든 중국풍의 등이나 종이 모빌을 다는 것도 좋은 방법이다. 그리고 삼각 깃발(트라이앵글 플래그)을 달 때도 천장에서 벽 쪽으로 늘어뜨려 설치하면 아이의 시선을 이동시키는 화려한 입체 라인을 만들 수 있다.

별도의 장식이 더 필요하다면 핸드프린팅이나 아기의 흑백 사진 같은 행복한 추억을 담은 기념품을 활용해보자. 아기의 탄생과 성장을 기록한 사진은 어떤 장식품이나 예술 작품보다 더 인상적인 느낌을 연출한다.

부모 침대 반대편에 아기 침대를 놓았다면 아기 사진이나 화사한 깃발로 벽이나 천장을 개성 있게 꾸며주는 것이 좋다.

필수조건임에도 놓치기 쉬운 이것, 조명

아기 방에는 밝기를 조절하는 스위치인 조광기가 필요하다. 먼저 아기 방에 적합한 조명을 찾는다면 학습용·독서용·수면용·예술 활동용으로 조도를 단계별로 조절할 수 있는 감성 조명을 추천한다. 조광기같이 밝기 조절 기능이 장착된 조명은 아이와 부모 모두에게 유용한 아이템이다.

창조적인 감각을 조명에 발휘해보는 것은 어떨까? 용암이 흐르는 것처럼 보이는 마그마 램프, 아이가 좋아하는 꽃 모양의 전등(갓)을 연결한 선(라인) 램프, 빛나는 지구본 조명 또는 아름다운 조각을 통해 빛이 나오는 메탈 램프 등 특별한 조명을 찾아보면 무궁무진하다. 특히 다양한 형태로 구멍을 뚫은 메탈 전등갓은 부드러운 색상의 벽에 움직이는 그림자를 만드는 '마법의 등불'로 아이들이 매우 좋아한다. 벽과 천장에 야광별을 사서 붙이는 것도 좋다.

수납은 예상보다 서너 배 이상으로 준비

아기 옷을 수납하기 위한 공간은 우리가 생각하는 것보다 훨씬 많이 필요하다. 아기 옷은 크기가 작아도 외투용 슬립 슈트(우주복)처럼 두툼해 꽤 많은 공간을 차지하고, 금방 작아져버리는 옷에 선물로 받은 옷 등으로 갈수록 그 양이 불어난다. 그래서 옷장보다는 서랍이 달린 수납 가구, 손잡이가 달린 상자를 충분히 준비하는 것이 좋다. 바구니, 플라스틱 상자 등은 선반에 올리거나 쌓아 올려 사용하면 공간도 절약되고, 상자는 침대 아래에 감출 수

아기 방을 새롭게 설계할 생각을 가지고 있다면 목수와 상의해서 수납을 계획을 하는 것도 좋다. 키 큰 수납장에 기저귀 교환대로 사용할 수 있는 인출식 선반을 만들고, 간단한 아기용품을 담는 상자를 만들어 부착하면 매우 편리하다. 수납장은 아기의 수면 공간과 놀이 공간을 나눠주는 파티션 역할도 한다.

유아용 침대에는 일반적으로 천장에 모빌을 달아주는 것이 좋다. 아기가 옹알이를 시작하면서 모빌을 보고 눈을 맞추며 시각을 자극하므로 인테리어 효과까지 일석이조인 셈. 더불어 벽장식으로 아이의 성장 과정을 보여주는 흑백 사진을 붙이는 것도 좋은 아이디어가 된다.

있어서 정리도 쉽게 할 수 있다. 큰 세탁바구니도 따로 준비하는 것이 좋다.

예쁜 인테리어보다 더 중요한 것들

창에 설치한 블라인드 코드는 짧게 만들고, 바닥에 늘어놓은 전선은 정리하고, 전원은 안전을 위해 플러그 커버를 씌워야 한다. 아이에게 위험한 물건은 높은 선반에 올려두고, 창에는 반드시 안전 바를 설치한다. 또 방바닥이 타일이나 나무라면 부드러운 면 러그나 질 좋은 양모 카펫, 놀이용 매트를 깔아서 안전에 대비한다. 참고로 사이잘삼 및 야자 껍질 섬유로 만든 러그는 인테리어 효과는 있으나 아기 무릎 피부에 너무 거칠다는 점을 명심하자.

좋은 분위기의 완벽한 집을 만들기 위해 집의 모든 공간에 지속적으로 인테리어를 하는 것처럼 아기 방도 가족 모두 노력해서 아기가 좋아하는 공간으로 만들어야 한다. 무엇보다 아이를 위한 공간은 차분하고 안전해야 한다.

ROOMS FOR GIRLS

{ 딸아이 방, 러블리 인테리어 }

여자아이는 분홍색을 매우 좋아하지만, 하늘빛 같은 베이비 블루, 연한 보라색, 연두색도 좋아한다. 딸아이 방을 꾸밀 때는 아이 자신의 개성을 나타낼 수 있는 예쁜 공간일 것. 그리고 실용적으로 정리할 수 있는 수납공간을 마련하여 아이가 스스로 방을 늘 깔끔하게 유지할 수 있게 하는 것까지 챙겨줘야 한다.

엄마가 생각하는 인테리어 공식은 버릴 것

여자아이 대부분은 예쁜 것을 좋아하지만, 클래식한 꽃무늬로 장식한 침실만 고집할 필요는 없다. 새롭게 현대적인 감각으로 방을 꾸미는 것이 좋다. 방 전체를 베이지나 화이트 톤으로 꾸민다면 아이들이 자신의 특별한 보물을 내보이는 개성을 표현할 수 있는 완벽한 공간이 될 수 있다. 이런 색상은 아이와 아이 물건을 돋보이게 하는 배경이 되어주기 때문이다.

전원주택의 지하 복도를 개조해서 만든 이 방은 기발한 아이디어를 실현시킨 공간이다. MDF로 짠 침대는 좁은 방에 맞춰 크기를 조절했고, 침대 밑에 서랍을 만들고, 침대 풋보드 쪽은 책장으로 활용할 수 있게 했다. 또 침대 헤드에는 천장 높이의 붙박이장을 만들었다.
좀 더 많은 채광이 필요하다면 이 방처럼 침대 옆에 새로운 창문을 하나 더 만드는 참신한 아이디어를 따라 해보자. 방 전체가 온통 흰색이라면 부분적으로 강렬한 색으로 포인트를 주는 것도 필요하다. 페인트 색을 해마다 조금씩 바꿔주면 아이에게 색채의 다양성도 보여줄 수 있다.

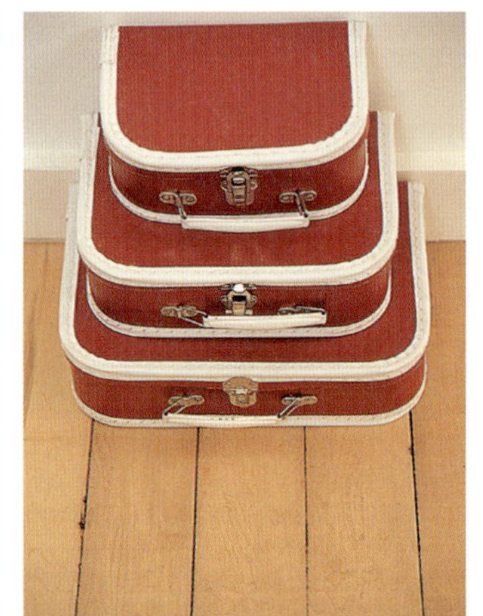

아이가 아끼는 장난감이나 장신구, 고전적인 가구나 소품을 활용하면 힘들이지 않고도 산뜻하고 모던한 느낌을 연출할 수 있다. 이렇게 아이에게 친근한 물건으로 아이 방을 꾸며주면 느긋하고 편안한 분위기를 느낄 수 있다.

딸의 방을 꾸밀 때 가장 앞서 해야 할 일이 있다. 엄마 스스로가 품고 있는 어릴 적 판타지를 딸을 통해 이루려는 마음을 버려야 한다. 어릴 적 그토록 원했던 분홍색을 딸의 방에 사용하고 싶겠지만, 아이가 엄마와 같은 색을 원하고 있다고 생각하는 것은 오산이다.

미적 센스보다 여자아이의 심리를 아는 것이 우선

딸의 방을 디자인할 때 어디서부터 시작할지 고민이라면 먼저 딸이 무엇을 좋아하고, 원하는지 의견을 구해본다. 신기하게도 세 살짜리 아이조차도 자기만의 의견을 가지고 있기 때문에 딸이 가장 좋아하는 색에 대해 이야기하는 것이 좋다. 만일 아이가 아직 어리다면 아이가 좋아하는 물건들을 유심히 관찰한다. 분홍색 프릴이 달린 드레스를 고르는지 아니면 밝은 색상의 티셔츠를 더 좋아하는지, 또 그림을 그릴 땐 어떤 색을 주로 쓰는지를 살펴보자. 이런 작은 단서에서 내 아이를 위한 특별한 방을 구상할 때 필요한 결정적인 아이디어를 얻을 수 있다.

디테일한 장식은 시간이 지나면서 없애거나 바꿀 수 있도록 융통성 있게 디자인해야 아이의 성장 속도에 맞춰 변화를 줄 수 있다. 그래서 벽지보다는 친환경 페인트를 사용하면 변화를 주기 쉽다.

아이가 소중히 여기는 물건을 진열할 수 있는 클래식한 가구가 있다면 아이 방은 좀 더 멋지고 편안해 보인다. 심플한 수납 가구는 배치만 잘해도 아이 방을 모던하게 만들어주고, 정리 정돈이 잘된 방으로 보이게 한다.

FURNITURE

딸아이 방의 인테리어 기준이 되는 가구

아이들이 아기 침대를 졸업하고 주니어 침대로 옮겨가는 시기에 침실 인테리어를 바꿔준다. 이때 가장 많이 사용하는 가구인 침대를 먼저 고르고, 방의 전체적인 분위기를 결정하는 색상을 계획한다. 왜냐하면 수납 가구나 장식 소품은 유아 시절과 크게 달라지지 않지만, 이 시기에 바꾸는 침대는 일단 침실에 들여놓으면 쉽게 바꿀 수 없는 큼직한 가구이기 때문이다. 그래서 좋은 침대를 고르는 것이 딸아이 방을 새롭게 꾸미는 포인트가 된다. 침대는

흰색 벽, 흰색 루버셔터, 흰색 침대 프레임 등 화이트로 깔끔하게 연출한 공간에 무늬와 패턴이 있는 침구를 활용해 생기를 불어넣고 소녀다운 감성으로 꾸민 다섯 살 아이의 방이다. 예쁘고 아기자기한 소품을 곳곳에 놓아 깔끔함과 발랄함을 함께 느낄 수 있다. 바닥에 놓은 거위 모양의 장식품은 조명으로 공간 전체에 부드러운 빛을 선사한다.

페인트를 칠할 수 있는 MDF 가구는 좋아하는 색으로 동그라미나 하트 등의 모
양을 그려서 내 아이만의 가구로 만든다. 만일 큰 방을 갖고 있다면 더블베드를
놓아 오아시스 같은 좀 더 편안한 안식처를 만들 수 있다.

프레임은 디자인을, 매트리스는 품질을 고려해 선택한다. 아이 몸무게는 가볍지만 움직임이 많기 때문에 매트리스가 튼튼해야 한다. 튼튼하고 질 좋은 매트리스는 10년 정도 사용할 수 있으니 매트리스는 쓸 만한 좋은 것으로 구매한다.

침대 스타일을 고를 때도 충분히 고민해야 한다. 여자아이들은 다섯 살 즈음에 '바비 인형과 핑크' 앓이를 시작하면서 사춘기까지 무수히 많은 유행을 겪는다. 그때마다 침대를 바꾸거나 방에 변화를 주기란 쉽지 않다. 만일 아이가 십대가 되었을 때 모던한 클래식 스타일의 방이 좋을 거라고 판단한다면 어린 시절인 지금의 아이 방 가구를 비슷한 스타일로 미리 준비하는 것도 괜찮다.

딸이 쓸 침대를 고를 때는 이것이 중요

여자아이 방에는 매트리스에 다리만 달린 스타일의 침대는 좋지 않다. 더군다나 집에 남는 여분의 침대를 아이에게 사용하라고 하는 것은 더더욱 좋지 않다. 침대는 아이 방의 인테리어 포인트이므로 독특한 디자인의 프레임을 선택한다. 단순하고 심플한 디자인의 병원 침대 같은 스타일도 리폼을 하면 빈티지한 멋이 있을 뿐 아니라 어린아이에게는 오히려 아늑할 수 있다. 여기에 동물 캐릭터나 얼룩무늬가 있는 이불을 준비한다. 조금 더 자란 여자아이라면 선명한 색상의 꽃무늬 베개를 높이 쌓아올려 침대를 꾸며주면 멋스럽다.

침대 헤드와 풋보드가 안으로 둥그렇게 말린 썰매 모양의 침대(슬레이베드 sleigh bed)는 디자인이 독특할 뿐 아니라 쓰임새가 다양해 좋다. 프레임이 높게 휘어져 있어 어린아이가 뒤척이다 침대에서 떨어지는 일을 막아주고, MDF 프레임에 직접 페인트를 칠할 수 있어서 유행하는 색에 따라, 또는 바뀌는 아이의 취향에 따라 침대를 개성 있게 꾸밀 수 있다.

침대 헤드만 필요한 경우에는 창의적인 디자인으로 주문 제작하는 것도 좋다. 종래의 곡선형의 헤드보다 동그라미나 하트를 컷팅하여 꾸민 직사각형의 좀 더 모던한 디자인을 추천한다. 요정 나라나 숲 속 동굴을 상상하면서 말뚝을 연결해서 만든 울타리 스타일의 헤드나 금색으로 칠한 헤드에 다양한 모양의 스팽글이나 비즈를 붙여볼 수도 있다.

환상을 실현시키는 데코 팁

캐노피를 단 4기둥 침대, 이층 침대, 잠자리용으로 만든 평상처럼 높은 침대는 여자아이들이 열광하는 매력적인 가구일 뿐 아니라 하룻밤 놀러온 친구를 위한 좋은 장소가 된다.

이층 침대는 침대를 정리할 때 작은 사다리를 억지로 비집고 올라가야 하므

아이들은 엉뚱하고 기발한 감각을 좋아하기 때문에 가끔 오래된 물건을 판매하는 앤티크 샵에 들려보는 것도 괜찮다. 앤티크 샵에서 구입한 찻잔 모양의 등을 벽에 설치하고, 침대 옆에는 자동차 모양의 라디오를 놓았다.

로 불편해서 부모한테는 인기가 없어도 어린 딸아이에게는 일종의 로망이다. 한편 심플한 평상형 침대나 모서리가 우드나 메탈 봉으로 된 4기둥 침대는 다양한 장식을 할 수 있어서 침대를 독특하게 꾸미는 즐거움을 준다. 침대 프레임을 한 해는 밝은 색의 망사로 치장하고, 그 다음 해에는 조개껍질을 이어 만든 줄로 장식할 수도 있다. 좀 더 자란 여자아이를 위해서는 인도 여인의 반짝이는 옷 같은 저렴한 사리 실크를 달거나, 모기장 같은 망사 천에 꽃장식을 붙여 독창적인 캐노피를 만들어 달아줄 수도 있다.

가구를 주문 제작할 때 최우선으로 생각할 것

높게 올려 디자인한 침대는 하부에 수납공간을 만들거나 침대 밑에 책상을 놓는 등 또 다른 여유 공간을 만드는 데 유용한 아이템이다. 침대를 디자인할 때 자재는 집의 다른 공간에 사용된 마감재와 같은 재질을 사용하면 튀지 않고, 자연스럽게 조화를 이룰 수 있음을 염두에 두자. 자작나무 합판이나 페인트를 칠한 MDF, 아연도금 등은 실용적인 자재일 뿐 아니라 화사한 이

어린 여자아이에게 4개의 기둥이 있는 침대는 화려함을 직접 느낄 수 있는 매우 완벽한 가구이다. 투명하게 비치는 파스텔 톤 천이나 사리 실크를 봉에 달 수 있게 박음질하거나 둥근 아일릿을 만들어 침대 프레임에 커튼처럼 달면 드라마틱하고 세련된 침대로 변신한다. 침대에 다는 커튼을 정기적으로 바꾸고 싶다면 대형 할인점에서 판매하는 저렴한 봉에 고리가 달린 커튼을 활용해도 좋다. 침구는 어른들처럼 하얀색이나 밝은 컬러의 심플하고 무늬가 없는 것으로 선택한다. 추가로 침대 프레임에 중국풍의 등, 오브제나 종이로 만든 꽃, 반짝이 조명을 장식하면 좀 더 멋스럽게 꾸밀 수 있다.

불이나 테디베어 인형과 어울리면 훨씬 더 부드럽게 보이는 유연한 자재다.

딸아이 방 꾸미기의 결정적 한 수, 침구

만일 엄마가 침대를 결정했다면 딸에게는 다른 선택권을 준다. 다양한 침대 커버를 준비해서 스스로 선택할 수 있게 하면 아이가 자라면서 침대 정리가 귀찮은 일이 아닌 창의적인 활동이라 느끼게 된다. 자연스럽게 정리하는 습관도 기를 수 있다. 디자인이나 소재가 독특한 시트, 베개 커버 등을 단품으로 사거나 복고풍의 꽃무늬 누비이불을 사는 것도 좋은 방법이다. 그러면 아이들은 예쁜 베개 커버와 이불을 매치하면서 매우 즐거워할 것이다. 어린아이가 인형 옷을 스스로 고르는 것을 좋아하는 것과 같은 이치다.

서로 잘 어울리는 색을 조합한 체크무늬 천, 화이트 무지 천, 꽃무늬 천은 흰색 시트가 씌워진 침대라면 아무렇게나 던져놓아도 자연스럽게 어울려서 매우 멋져 보인다. 기본 침구 외에 수를 놓은 베개 커버나 포근한 여행용 담요, 또는 아플리케한 침대 시트를 추가적으로 준비해두면 좀 더 개성적인 침대를 꾸밀 수 있다. 특히 모던한 스타일의 침대라면 선홍색의 베개 커버, 끝단을 라임색으로 처리한 이불처럼 색상은 강렬하지만 디자인은 심플한 침구를 골라야 된다. 다시 말하면 전체가 흰색으로만 되어 있는 침구는 색상에 민감한 아이들에게는 재미가 없다. 그러나 만일 엄마가 위생적인 측면에서 깨끗한 흰색을 좋아한다면 흰색 이불 커버라 하더라도 새틴 아플리케를 하거나 가장자리에 단추 장식 같은 최소한의 장식을 하는 것이 좋다.

침실은 고무바닥, 합판으로 짠 침대 그리고 플라스틱 의자 같은 독특한 소재들이 가득한 방이다. 그래서 벽은 꾸미지 않고 심플하게 꽃무늬 빈백 의자만 놓아도 괜찮다. 복잡한 장식을 싫어하는 말괄량이 딸아이라면 벽을 그냥 비워둬도 좋다. 어떤 그림이라도 그릴 수 있는 캔버스 같은 빈 벽은 아이 방에 좋은 디자인이다. 이 방은 벽면 전체를 칠판으로 만들어 아이에게 재미를 만들어주었다. 여기에 MDF나 합판으로 주문 제작한 이층 침대에 수납공간을 계획해 넣었다.

철제 프레임의 침대와 강한 색상의 목재 가구를 믹스하면 투박함이 느껴질 것 같지만, 오히려 신선한 배치를 이뤄 유행하는 모던 스타일을 연출할 수 있다. 꽃무늬 침구를 놓은 침실은 다른 장식을 더 할 필요는 없다. 흰색 벽과 심플한 커튼 정도면 충분하다. 아이가 좀 더 성장하면서 어른스러운 느낌을 원한다면 다양한 베개 커버와 쿠션을 더해주면 된다.

많은 어린 여자아이들은 대담한 꽃무늬를 좋아한다. 그렇지만 실사 같은 꽃무늬 패턴은 피하고, 꽃무늬에 들어 있는 한 가지 색과 믹스해서 사용한다. 예를 들면 작은 꽃이 프린트된 베개 커버에 무늬가 없는 다홍색 베개 커버를 하나 더 추가하면 전체적으로 달콤하고 부드러운 분위기를 표현할 수 있다.

책상은 인테리어 플래너에서 지울 것

어린아이에게는 그림을 그리고 숙제를 할 공간을 따로 마련해주는 것이 이상적이다. 가구점에서 구매한 화장대 같은 콘솔이나 책상은 작고 사용하기에 불편한 문제들이 있다. 그렇다면 현재 유행하는 인테리어 트렌드를 반영해서 아이에게 맞는 탁자를 만들어주면 어떨까? 벽에 수납할 수 있는 선반이 있고, 길고 낮은 탁자 하나가 있으면 이로써 아이 방 가구는 충분하다.

상판은 페인트를 칠하거나 래핑한 MDF, 무늬목 재질의 합판, 스테인리스이거나 컬러풀한 라미네이트 모두 가능하다. 여기에 컴퓨터를 올려놓고, 아래에는 장난감이나 책을 넣어둘 바퀴달린 상자, 작은 스툴, 색연필이나 종이 같은 자잘한 문구를 넣어두기 좋은 얕은 서랍이 달려 있는 캐비닛을 배치한다. 긴 탁자 위에 거울을 단다면 화장대로도 사용할 수 있고, 진열대로 이용할 수도 있다.

의자 등받이와 탁자 다리 모양이 독특한 미니 탁자 세트를 놓아 아이의 흥미를
돋운다. 아이가 좋아하는 캐릭터를 그려놓은 캔버스와 아이 사진으로 장식하여
아이가 자기만의 공간으로 아끼고 특별하게 여길 수 있도록 구석구석 세심하게
신경을 쓴 엄마의 애정이 느껴진다.

STORAGE

수납은 가구보다 공간이 우선

딸아이 방의 스타일을 결정하는데 침대가 매우 중요하지만 수납공간도 중요한 요소이다. 아이의 침실에 있어야 하는, 딸아이에게 필요한 물건의 전체 목록을 만들어보자. 장난감과 옷은 기본이고 방을 예쁘게 꾸며줄 소품도 있어야 한다. 아주 작은 장난감부터 큰 인형의 집까지 다양한 아이템을 수납할 수 있는 유연성 있는 공간이 필요하다. 모든 것이 늘 정리되어 있어야 하는 것은 아니지만 각각의 물건을 수납할 수 있는 지정된 자리는 반드시 있어야

모던한 가구와 소품으로 집 안 전체를 세련된 느낌으로 꾸몄다 해도 아이 방은 편안하면서도 재미있게 꾸밀 수 있다. 이곳은 벽을 라임색으로 칠하고, 바닥에는 보라색 고무 매트를 깔고, 큼직한 주홍색 도트무늬의 이불과 사각 블록 모양으로 패치워크한 베개 커버로 침실을 경쾌한 느낌으로 연출하고 있다. 한쪽 벽에 짜 넣은 붙박이장을 화이트로 마감해 답답한 느낌을 없애고 라임색 손잡이를 달아 방 분위기를 통일한 센스를 볼 수 있다.

한다. 아이 대부분은 깔끔한 것을 좋아하기 때문이다. 아이들이 천성적으로 지저분하다는 것은 옳지 않다. 실용적인 수납공간을 만들어 정리를 쉽고 빠르게 할 수 있게 하는 것, 이것은 인테리어의 주요 요소로 전적으로 엄마의 몫이다.

방이 넓을 때는 꼭 이것으로 수납 해결

방이 크다면 키 큰 수납장을 계획한다. 이는 수납공간을 충분하게 만들 수 있는 가장 쉽고 똑똑한 방법이다. 붙박이장 내부는 선반 사이즈를 다양하게 만들어 넣을 수 있도록 한다. 선반은 높낮이 조절이 가능한 찬넬 선반(Channel bar, 꺾쇠로 높이 조절할 수 있는 선반)으로 시공하면 수납을 효율적으로 할 수 있다. 작은 장난감을 넣은 상자를 넣어둘 여유 공간과 스웨터와 청바지 같은 옷을 차곡차곡 포개 넣을 수 있는 깊이 있는 공간도 있어야 된다. 마지막으로 옷을 걸어둘 수 있는 행잉 바(hanging bar, 옷봉)도 필요하다.

한눈에 장난감을 찾을 수 있는 오픈 선반이 매력적인 수납 방법이기는 하지만, 엄마들은 문을 닫을 수 있는 수납장을 선호한다. 왜냐하면 장난감이 눈앞에 널려 있지 않은 깨끗하고 고요한 방을 원하기 때문이다. 문을 닫는 것으로 아이 방은 단정하게 정리될 것이고, 그 안에 있는 물건들은 조금 지저분하더라도 크게 상관없다.

오픈 수납은 잠깐만 예뻐 보일 뿐

붙박이장 문은 단순하게 만들어도 되지만 상상력을 동원할 수 있는 재미있는 디자인을 고려해보는 것도 좋다. 문을 벽과 같은 색으로 칠하고 아이 키 높이에 맞는 작은 손잡이를 단다면 수납장은 없는 듯 그냥 벽으로 보일 것이다. 페인트를 고를 때 유광 페인트의 반짝임은 촌스럽고, 무광은 때가 쉽게 타므로 '에그셸 피니쉬'라고 부르는 유광과 무광의 중간인 반광 정도가 적당하다. 이런 에그셸 피니쉬, 반광 페인트로 깔끔하게 마감하면 아이의 그림을 디스플레이하기에 적당한 배경이 되어준다.

엄마 마음에 드는 멋진 가구는 아니지만, 자잘한 물건을 효율적으로 수납하기에 안성맞춤인 서랍장이 있다면 붙박이장 안에 넣고, 붙박이장 문을 현대적인 여닫이문으로 다는 것이 좋다. 예쁘지 않은 가구들은 이렇게 감추는 것이 정답이다. 또 유행을 따르는 감각적인 스타일의 문을 제작하려면 아크릴, 알루미늄 또는 자작나무 같은 새로운 자재를 사용해 보는 것을 추천한다.

수납하는 방법은 딸아이를 따를 것

어린아이가 자기가 아끼는 물건을 놓아둘 곳은 높은 선반이 아니라 아이 손이 닿는 편한 곳이어야 한다. 반짝이는 매니큐어나 지점토로 만든 과일 등 무엇을 진열하는지는 아이 생각을 따라준다. 비록 엄마 마음에 들지는 않더라도 간섭하지 마라. 아름다움은 보는 사람마다 기준이 다르다. 오히려 아이는 부부 침실이나 거실 탁자에 엄마가 놓아둔 꽃꽂이를 좋아해준다. 이렇듯

남자아이, 여자아이 모두 테마가 있는 침실을 좋아한다. 그러나 여자아이 대부분이 요정이 사는 숲 속을 원할 거라는 생각은 하지 마라. 이 어린 소녀의 방은 항해를 주제로 꾸몄고, 유아 때부터 지금까지 아이를 기쁘게 했다고 한다. 전문가가 그린 큰 뮤럴 벽화는 군더더기 없는 깔끔한 마무리로 정적이며 심심한 침실에 활력을 불어넣었다. 이렇게 벽화로 아이 방을 꾸미려 할 때는 침대 디자인과 조화를 이루어야 하고, 그림은 가능한 한 크게 그리는 것이 좋다.

침대 또한 아이에게 상상력을 불러일으킬 만큼 아름답게 만들어졌으며, 침대에
오르는 계단 아래에는 서랍장을 짜넣어 수납공간을 확보했다.

부모도 아이의 취향을 존중해야 한다. 머리핀이나 장난감 보석, 스티커 등 액세서리는 작은 그릇이나 바구니에 담아서 선반에 올려둔다.

한 번에 분위기를 확 바꾸는 방법

아이 대부분은 화려한 색을 좋아하고, 자기의 방을 꾸미기 위해 엄마와 함께 색을 고르는 일을 즐거워한다. 페인트를 칠한 벽은 유치한 무늬의 패턴 벽지보다 훨씬 다양하게 활용할 수 있다. 또 컬러풀한 장난감들과 잘 어울리기 때문에 페인팅은 공간을 깨끗하고 신선하게 연출할 수 있는 가장 좋은 방법이다.

페인트 컬러 칩(색상표)을 아이에게 주고, 스스로 컬러를 고르라고 하면 어떤 일이 일어날 지를 생각해 본 적이 있을까? 아이가 고른 놀라운 컬러가 만들어내는 분위기에 놀라게 될 것이다.

색을 결정하기 전에 페인트 샘플을 직접 칠해보거나 사각형 판지에 페인트를 칠해서 벽에 어울리는지 맞춰보는 일은 아이에게 시켜보자. 아이는 기꺼이 응하고 제법 그 일을 즐기면서 인테리어에 관심을 보일 것이다. 이런 작업은 집의 어떤 공간에도 똑같이 적용할 수 있다. 얼음 샤베트 같은 노란색 또는 야생 국화 같은 블루 등의 강렬한 색은 유쾌한 밝은 색이기는 하지만 너무 화려하고 자극적일 수 있으니 벽 전체에 칠하는 것보다 한쪽 벽에만 사용해 아트월로 꾸며본다.

딸이 결정한 파스텔 톤 색상이 엄마 마음에 들지 않으면 세련된 느낌을 줄수 있는 비슷한 톤의 컬러로 대체하는 것도 괜찮다. 예를 들면 분홍색 대신에 진한 라일락색을 사용하거나 또는 옅은 노란색 대신 어린순 같은 연두색 등을 선택하는 것은 엄마와 딸 모두에게 긍정적인 제안이 될 것이다.

포인트 하나로 스타일을 연출하는 데코 팁

엄마는 현대적인 스타일을 좋아하는 반면 딸은 자신의 방이 매우 여성스럽게 꾸며지기를 원한다면 타협점을 찾아보자. 꽃이 무성하게 핀 화려한 패브릭은 엄마와 딸 둘 다를 만족시킬 수 있는 아이템이다. 만약 침대 프레임이 알루미늄이고 단순한 프레임의 침구를 사용하고 있다면, 꽃무늬 패브릭은 커튼보다는 로만 쉐이드로 다는 것이 좋고, 흰색 벽면에 패턴이 비치는 하얀천으로 창을 꾸민 심플한 공간이라면 꽃무늬가 들어간 침구를 선택해 전체적인 균형을 맞추면 된다.

또 하트무늬나 꽃무늬 대신 나비나 식물 이파리 문양이 들어간 패브릭을 사용하면 현대적인 스타일로 연출할 수 있다. 반대로 흰색 스팽글과 연한 초록색 공단으로 만든 조개 모양의 큰 바닥쿠션은 사랑스러운 소녀 취향의 방으로 만들어준다.

커튼에 많은 돈을 들이고 싶지는 않고, 너무 심플한 것도 싫다면 창문에 단색의 롤 블라인드를 달거나 커튼은 메탈 봉과 커튼 클립으로 단순하게 꾸민 주름이 없는 커튼을 단다. 아이가 멋진 스타일을 좋아하는 감각적인 소녀라면 보일 듯 말 듯한 투명감이 살아 있는 천을 커튼 링에 걸어두는 것도 한 방법이다. 꽃무늬 천이나 도트무늬 천으로 커튼을 두서 개 더 만들어 바꿔 달아주어 지루함을 느끼지 않도록 하는 것도 좋다.

아이 방에 안락의자를 배치했다면 세탁이 쉬운 면으로 커버를 만들어 씌우고 쿠션을 놓는다. 반복되는 모노그램이 프린트된 감귤색 리넨, 십자수를 놓은 분홍색 데님 같은 패브릭은 세련되고 깔끔한 느낌을 준다.

아이가 수집한 물건이나 좋아하는 물건을 진열할 공간을 만들어주자. 방 모서리에 딱 들어맞는 특별한 수납장은 아이에게 좋은 전시 공간과 방을 어수선하게 보이게 할 자잘한 물건을 눈에 보이지 않게 수납할 공간을 동시에 제공한다.

소녀다운 분위기를 연출하는데 반드시 꽃무늬가 필요한 것은 아니다. 연한 아몬드 색상 또한 여성스러워 보일 수 있다. 이 일곱 살 소녀의 다락방은 연한 녹색으로 칠해진 벽과 파스텔 톤 침구 그리고 벽에 붙인 나비 소품이 여성스러운 소녀의 방을 만드는 중요한 역할을 했다. 프라이버시를 중요하게 여기는 어린 소녀에게 숨바꼭질을 할 수 있는 은밀한 공간을 마련해 주는 것은 어떨까? 이 집은 와이어를 벽에 설치하고 얇은 천의 커튼을 달아 침대를 살짝 가려주었다.

DECORATING

뭔가 특별하게 꾸미고 싶다면 아이에게 맡겨라

여자아이에게는 자기가 그린 그림이나 자기가 쓴 시, 자기가 좋아하는 사진을 걸어둘 공간이 필요하다. 대게 코르크판이나 패브릭 패딩으로 만든 핀 보드를 벽에 달아주기는 하는데, 너무 작아서 불편한 점이 많다. 이럴 때는 자석이 붙는 타공판이나 스틸보드, 화이트보드를 큰 사이즈로 준비하면 아이가 훨씬 다양하게 활용할 수 있다(최근에는 유리에 컬러가 칠해진 백 페인트 글라스도 많이 사용한다). 자석을 사용하면 디스플레이를 자주 바꾸더라도 페인트가 벗겨지는 일이 없고, 간단한 그림이나 카드, 사진 등을 붙이기가 편리하다. 그리고 가족 사진을 붙여 가족의 가계도를 간단하게 만드는 것도 장식이 된다. 갤러리 같은 이런 방안의 작은 전시 공간은 아이가 그린 그림이나 아이의 물건을 소중히 다루고 있음을 느끼게 해준다.

아이가 미술 숙제로 가볍게 만든 미숙한 그림이라도 액자에 넣으면 멋진 팝

아트 작품이 될 수 있다. 아이의 작품을 백분 활용해서 아이 방을 꾸며보자. 이것이 누구도 흉내 내지 못할 아이 방 인테리어 센스다.

아이 혼자 있을 수 있도록 꾸며줄 것

엄마는 자신이 원할 때 언제든지 딸의 방을 보기를 원한다. 심지어 단정하게 정리되어 있기를 바란다. 하지만 기억해라. 그 곳은 딸에게는 혼자 있을 수 있는 천국 같은 곳이며 숙제를 할 조용한 곳이고, 친구들과 채팅을 할 수 있는 장소이자 여행이나 미래를 꿈꾸는 휴식처 같은 공간이다.

아이의 사생활을 존중하는 것은 매우 중요하다. 딸아이가 스스로 혼자 있을 수 있다고 결정을 하면 딸로 하여금 자기의 영역을 표시하게 하는 것도 좋은 방법이다. 큰 금박 이니셜을 문에 달거나 아이 이름을 간판집에서 스카시 방법으로 제작해 방문을 장식하는 것도 좋은 방법이다. 시중에 판매하는 나무로 만든 레터링이나 알파벳 스티커를 붙이는 것도 좋다. 또는 특별한 손글씨로 이름 첫 글자를 쓴 것을 좋아할 수도 있다. 손으로 휘갈겨 쓴 '출입 금지'보다 상상력을 동원한 그림이나 기호를 사용하면 훨씬 더 고급스러운 인테리어 효과를 볼 수 있다. 글자가 새겨진 구슬로 만든 목걸이를 방문 손잡이에 걸어두는 것도 귀엽다.

소녀 감성으로 꾸미는 쉬운 아이디어

아이들이 자신만의 보물을 넣어둘 만한 벽장 같은 비밀 장소를 가질 줄 수 있도록 창의력을 발휘해보자. 이런 공간을 만든다면 한쪽 벽에 작은 다락을 만들 수도 있을 것이고, 판자로 작은 수납장을 만들어 벽에 달아줄 수도 있다.

아이 방이 재미있으려면 이것저것을 조합한 조금은 가벼운 느낌이 드는 키치 스타일로 꾸미는 것도 괜찮다. 방 입구에 구슬로 만든 커튼을 달고 천장에는 회전하는 반짝이는 미러볼을 달아보자. 여자아이 방에 어울리지 않는다고 생각하는 레오파트 표범무늬 쿠션을 놓아보는 것은 어떨까? 모든 엄마의 마음은 어린 소녀와 같다. 따라서 엄마가 좋아하는 무언가로 장식하고, 디스플레이한다면 딸도 좋아할 것이다.

독특하고 예쁜 아이 가구를 찾을 때는 앤티크 숍을 참고해보자. 앤티크한 침대, 아이 전용 의자, 독특한 소품을 찾을 수 있다. 앤티크한 침대는 비표준 크기로 제작되어 있어 서너 살까지 사용할 수 있는 아기 침대를 발견할 수도 있다.

ROOMS FOR BOYS

{ 아들아이 방, 환상 인테리어 }

아들아이 방은 창의적인 놀이를 할 수 있는 다목적 가구를 배
치하고, 너무 요란스럽지 않게 차분한 공간으로 꾸민다. 어쩔
수 없이 생기는 긁힌 자국이나 흠집에 대해 걱정하지 않도록
자재는 단단한 고무나 나무를 사용한다. 다홍색, 연두색, 인디
고 블루 같은 밝은 컬러는 상상력을 자극해 아들아이들에게
새로운 모험을 시작하는 영감을 준다.

딸아이 방 꾸미기보다 더 까다롭다

다섯 살 정도의 남자아이들은 자기에게 어떤 소품이 어울리는지 어떤 장난감이 좋은지 본능적으로 안다. 그리고 좋아하는 장난감은 최소한 몇 가지라도 자신의 공간에 들이고 싶어한다. 그래서 남자아이 방을 꾸미는 일은 여자아이 방보다는 덜 까다롭지만 디테일하게 신경 써야 할 것이 많다. 남자아이에게는 최대한 넓은 텅 빈 바닥, 여유 공간이 필요하다. 장난감 병정부터 경주자동차 등 수많은 장난감을 가지고 놀 수 있어야 하고, 정리할 수 있는 충분한 수납공간도 필요하다. 기어오를 수 있는 사다리, 걸터앉을 수 있는 가구를 방에 갖춰준다면 더욱 좋다.

아이 방 물건은 절대적으로 이 기준에 맞출 것

4~5세 남자아이들이 쓰는 방을 디자인할 때 첫 번째 중요한 원칙은 방에 있

대여섯 살의 남자아이들이 아늑함과 안정감을 느끼려면 조용한 환경
과 감촉이 좋은 천이 필요하다. 이 집은 울타리 모양의 침대 헤드에
파란색 털 러그를 깔고, 술 달린 두꺼운 커튼을 달았다. 햇빛이 잘드
는 방이라 낮엔 자연스럽게 빛을 즐길 수 있고, 밤에는 안감을 덧댄
암막 커튼으로 빛을 가릴 수 있게 했다. 수납은 실용적이며 재미있는
방법을 취했다. 책이 가득 찬 책장, 신발을 높이 쌓아올린 수납 선반
은 차분한 느낌을 주는 흰색 벽과 대비를 이루면서 멋진 포인트가 되
었다.

는 모든 것들은 튼튼해야 한다는 것이다. 남자아이는 소란스럽고 다소 격하게 놀기 때문에 두 번 생각할 겨를도 없이 침대 헤드를 후려치는 등의 행동을 하고 만다. 이런 만일의 사태에 대비한다면 모두 안심할 수 있다. 예를 들어 침대 옆에 놓을 램프는 한지 같은 약한 종이로 만들어진 램프보다는 에나멜 금속제로 만든 램프를 튼튼하게 고정해두는 것이 좋다. 또 견고한 금속으로 만든 캐비닛이 캔버스 천으로 만든 옷장보다 실용적이다. 남자아이가 방에서 하는 일이라곤 가구에서 점프를 하고, 기어 오르고, 이리저리 옮겨 다니는 일이다. 해적놀이를 한다고 상상해보면 좀 더 현실 감각이 생길 것이다. 이런 모든 상황을 고려한다면 강한 재질을 사용하는 것은 당연하다. 스크래치가 잘 나지 않게 코팅한 자재이거나 자작나무 합판 같은 단단한 나무, 쉽게 다시 페인트를 칠할 수 있는 가구를 선택하는 게 좋다. 남자아이 방도 여자아이 방과 마찬가지로 침대는 아이 방에서 가장 중심이 되는 가구이다. 이를 인정한다면 대범하게 방의 정중앙에 침대를 배치하는 용기를 내보는 것도 괜찮다. 배처럼 만든 이층 침대를 방 가운데에 두어보자. 아이들이 쉽게 사다리를 오를 수 있으며 침대를 군함이나 해적선으로 상상하며 놀기에 안성맞춤이다.

이 방은 아주 색다르게 방 한 켠에 세면대를 설치했다. 아이가 사용하기 편한 십자형 수도꼭지를 달고, 위에 비상약을 보관하는 나무 상자를 달았다.

FURNITURE

아들에게 침대는 가구가 아니다

취향이나 욕구 면에서 남자아이는 여자아이보다 더 빠르게 변한다. 세 살까지는 방이 아늑한 잠자리 정도면 만족하지만 다섯 살 정도가 되면 더 모험적이고 남자다운 느낌이 묻어나는 공간을 필요로 한다. 이런 급변하는 요구를 쉽게 해결하는 방법 중의 하나가 침대다.

먼저는 넉넉한 크기의 아기 침대를 사용하다가 작아지면 주니어용 침대로 바꾸는 게 일반적이지만 아예 두 살 즈음에 유아용이 아닌 일반 크기의 침대를 사용하는 것도 괜찮은 방법이다. 아이가 어릴 때는 침대에 발랄한 느낌이

공간 전체에 활기를 불어넣는 경쾌한 컬러로 침대를 꾸몄다. 컬러는 아이에게 선택할 수 있게 하고, 페인트로 칠할 때는 무늬를 그려넣게 하거나 벽면의 한 부분을 아이가 좋아하는 문양으로 직접 장식하게 한다. MDF로 주문 제작한 책상은 공간을 덜 차지하고 평범한 책상보다 재미있다.

나는 이불과 귀여운 소품 등을 매치해 조금 더 어린아이다운 느낌으로 아늑하게 꾸며주면 충분히 사용할 수 있다. 이층 침대는 더 훌륭한 선택이 될 수 있다. 여섯 살까지는 안전한 아래층을 사용하다가 더 자라면 위층으로 옮겨 가면 된다.

남자아이도 여자아이처럼 침대에 관심을 갖고 꾸며주는 것을 좋아한다. 남자아이에게 침대는 단순히 잠을 자는 공간이기도 하지만 동시에 자기의 안전을 지키는 동시에 비밀스러운 공간이고, 여러 가지 상상력을 펼치는 꿈의 무대이기도 하다.

은근히 까다로운 취향을 들어주는 법

바로 살 수 있는 기성품 침대는 대부분 모던하다. 세련된 느낌을 주는 어두운 톤의 목재로 만든 배 모양의 침대, 헤드와 풋보드 부분이 위로 올라간 썰매 모양의 침대, 철제 프레임으로 만든 심플한 침대, 서랍장이 달린 멜라민 소재로 만든 컬러풀한 침대 그리고 단단한 금속관과 캔버스 천 소재로 만든 병원용 침대 등 그 스타일이 다양해 아이 방 분위기를 다채롭게 연출할 수 있다.

침대를 직접 제작해서 더 개성 있는 결과물을 얻을 수도 있다. 다락방이라면 삼각 지붕 아래쪽에 서랍장이 넉넉하게 달린 MDF 침대를 디자인할 수 있다. 조금 나이가 있는 남자아이라면 단순한 평상형 나무 침대에 큰 바퀴나 메탈 소재의 다리를 달아서 좀 더 특별한 침대로 만들 수도 있다. 아니면

명랑한 성격의 남자아이를 위해서는 전통적 장식보다 유행하는 다양한 컬러와 익살스러운 캐릭터 문양을 동원해 방을 꾸미는 센스가 필요하다. 방바닥은 강하고 광택이 있는 코팅 제품을 사용하는 것이 견고하다. 두 명의 아이가 함께 사용하거나 크기가 작은 방이라면 이층 침대를 놓는 것은 좋은 아이디어다. 2층이 있어서 아래층은 덜 춥고, 오를 수 있는 재미있는 공간이 생길 뿐 아니라 하룻밤 자고 갈 친구를 위한 예비 공간으로도 사용할 수 있다. 남자아이에게 필수적인 다트나 농구 후프 등을 설치할 수 있는 공간을 만들기 위해서는 책상이나 책장은 최대한 벽에 밀착하는 붙박이 가구로 디자인하는 것이 좋다.

아이들은 이 구석 저 구석 틈 사이에서 자는 걸 좋아한다. 다락방이나 지붕 바로 밑에 아이 방을 계획할 때는 이 집처럼 벽장을 짜 넣는 대신 붙박이 침대를 생각해본다. 구석 좁은 곳은 침대 높이로 바닥을 높여 아이 물건을 진열하거나 책꽂이로 활용한다. 훗날 책꽂이 공간에 작은 문을 만들어 달아주면 비밀 벽장 같은 아이의 아지트를 만들어줄 수도 있다.

두꺼운 서랍형 받침대나 매트리스로만 구성된 다이븐 침대(divan bed)에 목공 작업으로 배나 우주선 모양을 만들어 다는 방법도 있다. 단, 이런 테마 침대는 아이 방의 다른 공간이 깔끔하고 심플하게 정리되어 있다는 전제 하에 제작해야만 아주 멋져 보일 수 있다는 것을 염두에 둔다.

전문가가 강력하게 추천하는 침대

남자아이 대부분은 다섯 살 이상이 되면 이층 침대나 높은 평상형 침대에서 자려고 한다. 요즘은 소나무로 만든 이층 침대보다 세련된 디자인과 다양한 소재의 이층 침대를 쉽게 볼 수 있다. 모던한 느낌을 주는 소재인 스테인리스, 자작나무 합판 및 코팅된 MDF 등 좋은 자재로 만든 여러 종류가 있으니 안전과 접근성을 염두에 두고 고르면 된다. 침대를 살 때는 아이가 잠을 자는 중에 뒤척이더라도 안전하게 침대 측면에 보호 칸막이(가드 레일)가 있는지, 침대에 오르는 사다리는 안전하게 고정되어 있는지 확인한다. 단단한 금속 발판을 침대 아래나 침대 옆 내력벽에 부착하는 것도 좋다. 공간이 여유가 있다면 사다리 대신 대형 블록으로 층계를 만들어도 좋다. 이런 계단은 아이에게 침대에 오르고 내려오는 재미있는 시간을 선사한다.

남자아이는 미니 미끄럼틀이나 밧줄 사다리 또는 형제끼리 같이 사용하는 이층 침대를 이어주는 통로 같은 부수적인 소품도 매우 좋아한다. 침대에 캔버스 천이나 항해용 원단을 묶어주는 단순한 장식도 상상력을 키워주는 아이템이 될 것이다.

아들아이 방에 가구를 배치하는 법

좁은 방에서 서랍장, 탁자를 침대 밑으로 넣을 수 있는 높은 침대는 놀이 공간을 확보할 수 있는 특별한 가구가 된다. 낮은 침대라면 서랍 등 침대 하부에 다양한 디자인을 할 수도 있다. 침실에 들여놓을 가구를 계획할 때, 어떤 침대나 가구를 고르더라도 여유 공간이 충분하지 않다면 활동적인 게임을 할 때 다치지 않도록 모서리가 둥근 유선형 가구를 찾도록 한다. 또 가구를 만들 때 상자나 서랍장, 낮은 탁자에 바퀴를 달면 사용할 때 편리하다.

나아가 벽에는 책 수납을 위한 책장을 설치하고, 작은 장난감들을 담을 바구니도 준비한다. 옷을 걸어두는 후크를 벽에 설치하거나 천장에 해먹 또는 그네의자를 달면 바닥 공간을 넓고 깨끗하게 사용할 수 있다.

인테리어 플래너에 책상 대신 넣어야 할 것

바닥은 늘 청소를 해야 하는 곳이기 때문에 아이들의 보물 같은 작품을 놓아두기 좋은 장소가 아니다. 책상 대신 낮은 탁자를 준비해주고, 그곳은 '너만을 위한 지정된 공간'이라고 말해준다. 그러면 아이는 그 탁자에서 만들

작은 방에서 높은 평상형 침대는 놀라운 공간 절약형 디자인이 된다. 일곱 살 아이의 침실인 이 방은 놀이 공간을 위해 침대를 위로 올리고 출입문 옆에 작은 벽장을 넣어 새로운 공간을 만들었다. 책장은 놀이에 방해가 되지 않도록 벽에 걸었다. '보트'라는 고전적 테마로 꾸몄지만, 방 전체를 배처럼 장식하지는 않았다. 너도밤나무 바닥재는 갑판 효과를, 금속 침대 난간은 침대를 진짜 요트처럼, 항해를 현대적으로 재해석해서 보여주고 있다

고, 자기의 물건을 전시도 한다.

탁자는 스테인리스 같은 손상이 없는 재질이거나 방수 원단으로 탁자 커버를 만들어주는 것이 좋다. 그래야 만들기 과정에서 접착제가 흐르거나 물감 얼룩 등이 생겨도 문제가 없다.

또 남자아이 방에는 작업 조명과 좋은 의자가 구비된 작업용 책상 또는 컴퓨터를 놓아둘 탁자도 필요하다. 탁자는 내구성이 있는 정도면 충분하지만, 의자는 장기간 사용하므로 신중히 고르는 것이 좋다. 어린이 전문 가구점을 둘러보면 멋진 아이용 회전의자나 인체 공학적으로 설계한 의자를 판매하고 있다. 아이와 함께 실용적이고 가격도 합리적인 의자를 찾아보는 것이 좋다.

마지막으로 방이 어질러지는 것이 싫다면 아이가 만든 장난감 자동차와 같은 자신만의 보물을 전시할 수 있는 디스플레이 공간을 꼭 만들어준다. 침대 위에 대담한 컬러가 칠해진 두꺼운 MDF 선반을 달아도 좋고, 좀 더 성장해서도 사용하기 좋은 남자다운 느낌을 주는 스테인리스 랙을 설치하는 것도 좋다.

STORAGE

남자아이한테는 오픈 수납장이 맞다

남자아이 방은 스스로 정리할 수 있게끔 잘 계획한 효율적인 수납 시스템이 필요하다. 남자아이 대부분은 옷에 관심이 별로 없기 때문에 아무렇게나 던져놓는 경향이 있다. 때문에 오픈 수납장에 바구니를 준비해 티셔츠, 청바지 등의 라벨을 붙여주고 한눈에 보이게 일직선으로 배치한다. 아이 키에 맞게 수납 상자를 쌓아서 사용하거나 스포츠 라커 같은 컬러가 다른 색의 MDF

인테리어를 할 때 어른들이 사용하는 공간처럼 아이 침실도 여러 가지를 꼼꼼하게 체크하는 것이 좋다. 많은 아이들은 장식이 화려하고 재미있는 아이템을 좋아하고, 자기가 만든 종이접기나 자신의 보물을 자랑스럽게 놓아둘 수 있는 공간이 있어야 한다. 이 방은 선반 수납장이 아이 방의 중심 가구가 될 수 있음을 보여주고 있다. 그렇지만 아이들이 수납장을 항상 깨끗하게 정돈할 수는 없다. 엄마는 아이의 타고난 '어지름병'을 아이 방의 혼란 속 매력으로 받아들이는 센스(?)를 갖는 것도 필요하다.

어린 남자아이에게는 물건을 보관하고 정리할 수 있는 계획된 실용적
수납공간이 필요하다. 장난감을 정리하기 위한 이상적인 수납 시스템
은 작은 서랍을 충분히 마련해주고, 작은 장난감들은 구분해서 보관
할 수 있는 상자를 준비해주는 것이다. 그리고 책장과 큰 장난감, 교
재를 보관할 수 있는 키 큰 수납장도 필요하다.
공간이 좁다면 옷을 수납할 수 있는 서랍과 책을 꽂을 수 있는 선반이
같이 붙어 있는 실용적인 가구를 선택한다. 그 위에 물건들과 작품을
전시할 수 있게 하고, 코트나 셔츠는 벽에 후크를 달아 걸 수 있게 한
다. 아이 침실은 아이가 만든 미술품을 디스플레이할 수 있는 이상적
인 공간이므로 큰 메모판을 벽에 걸어준다.

또는 스테인리스 도어를 단 수납장을 배치해도 좋다. 그 위는 스포츠 트로 피를 올리거나 장난감을 전시하는 공간으로 사용할 수 있다. 이 두 가지 방법은 모두 남자아이 방에 아주 좋은 수납 방법이다.

옷을 걸어두는 행거는 뛰어다니다 넘어뜨리거나 아이가 걸려서 넘어질 수도 있으므로 남자아이 방에는 적합한 가구가 아니다. 대신 아이가 잠옷을 바닥에 아무렇게나 놓아 어지르는 것을 막을 수 있게 아이 눈높이에 맞는 후크를 벽에 붙여주는 것이 좋다. 그리고 아이가 알아서 스스로 정리하기를 바라지 말고, 기대도 하지 않는 것이 좋다. 큰 바구니를 일정 장소에 놓아 아이 스스로 지정된 장소에 물건을 놓는 습관이 생기도록 유도하는 게 현명한 방법이다. 수납을 쉽게 할 수 있는 오픈 수납장과 같은 가구를 잘 활용한다.

수납할 때 남자아이의 심리를 이용하라

아이는 크면서 방에서 더 많은 시간을 보내게 된다. 미니카나 레고, 플라스틱 동물 같은 작은 장난감들은 박스에 담아 정리를 하더라도 수량이 많아지면 다시 이것을 모아둘 수납장이 필요하다. 책도 많아지므로 추가 책장을 준비해주는 것이 좋다. 인디언 텐트나 스포츠 관련 용품 등 부피가 큰 물건을 넣어둘 넓은 공간도 필요하게 되므로 베란다에 아이 전용 수납공간을 마련해준다. 장난감 때문에 방이 어질러지는 것은 아이나 어른 모두 싫어한다. 늘 침실이 깨끗하게 정리될 수 있는 시스템이라면 부모에게 매우 감사해 할 것이다.

나무 상자나 플라스틱 상자를 넣어둘 수 있는 붙박이장을 만드는 것은 매우 좋은 선택이다. 여기에 무지개색으로 칠한 상자를 나란히 정렬하면 세련된 근사한 감각을 보여주는 효과도 있다. 예산이 있다면 유행하는 현대적인 가구를 파는 매장에 가본다. 바퀴 달린 형광의 아크릴 서랍장, 접이식 탁자 같은 다용도로 사용할 수 있는 가구들이 아이의 감각을 키울 것이다. 공간이 부족한 경우라면 깊이는 낮지만 폭이 넓은 수납장에 바퀴를 달아 침대 밑에 두는 것도 좋다. 복잡한 레고나 정교한 장난감 요새 또는 성 같은 복잡한 구조물을 만들기 좋아하는 남자아이의 성향을 이해한다면 아들이 만든 장난감 작품을 놓아둘 적당한 공간을 확실하게 마련해준다.

책 수납은 단순히 보기 좋게 꽂는 것도 중요하지만 아이들이 읽기 편한 곳에 놓아두는 것이 중요하다. 침대 옆 사이드 테이블처럼 언제든 손이 닿는 곳에 책이 있으면 좋다. 벽선반도 아이의 키 높이에 맞춰 설치하고, 아이가 자주 읽는 책을 꽂아 주면 책 읽는 습관도 좋아질 것이다.

벽에서 가구까지 모두 페인트를 칠한 이 방은 평범한 침실을 멋진 놀이 방으로 느끼게 한다. 공간이 넓고 햇빛이 잘 든다면 최고의 놀이 방으로 변할 수 있다. 이 방처럼 마루 걸레받이, 서랍장 문, 침대, 선반 등 모든 곳에 원색의 컬러를 입히는 것을 주저하지 마라. 강렬한 원색은 어두운 마룻바닥과 잘 어울린다. 바닥에는 아이가 편하고 안전하게 놀 수 있도록 면 러그를 깔았다. 상큼한 컬러를 단색으로 마감한 공간에는 회사한 줄무늬, 동물무늬, 이국적인 과일 같은 화려한 문양의 침구를 코디하여 아이 방을 활기찬 공간으로 만든다.

인테리어로 모험심을 자극하는 방법

남자아이는 바닥에서 많이 놀기 때문에 바닥재는 표면이 매끄러우면서 내구성이 있어야 한다. 나무가 심하게 마모된 마룻바닥에서 자동차 경주를 시도하거나, 울퉁불퉁한 사이잘삼 러그 위에 도미노처럼 장난감을 세우는 것은 아이에겐 짜증 나는 일이다. 마룻바닥을 실용적으로 훨씬 더 오래 사용하려면 원목마루보다는 단단한 강화마루를 깔거나 나무 느낌의 우드 데코 타일을 깐다. 무독성 고무 재질로 된 아이용 친환경 놀이 매트를 깔아주는 것도 괜찮다.

마룻바닥에 페인트를 칠한다면 나무의 자연색을 굳이 남길 필요는 없다. 도

합판으로 만든 수납장은 잠자는 공간과 생활 공간을 구분하는 칸막이 역할을 한다. 높은 천장은 안정감이 떨어지므로 수납과 파티션 역할을 겸하는 가구를 짜 공간을 나눠주고, 침대 주변을 같은 색, 같은 재질의 합판을 둘러 안정감 있게 꾸민다.

로나 잔디의 가장자리 표지판 같은 화려한 그래픽 느낌으로 칠해도 좋고, 우주의 노란색 행성 같은 광택이 나는 컬러를 칠할 수도 있다.

아들 방에 포인트를 주는 데코 팁

남자아이들은 편안함과 포근함을 좋아하지만, 성장하면서 두꺼운 양탄자보다는 유쾌한 색감의 추상적인 무늬가 들어간 러그를 더 좋아한다. 뱀과 사다리, 가위바위보 놀이가 그려진 러그는 아이들이 둘러앉아 놀이용으로 사용할 수도 있다. 완벽한 정글 느낌을 주는 얼룩말무늬 러그나 장난감 트렉터를 놓을 멋진 인조 잔디 러그 등은 침대 위에 걸처주면 좋을 표범무늬 담요와 함께 인테리어 효과를 높여준다.

남자아이는 색상과 패턴에 본능적으로 반응하지만 어떤 분위기를 좋아하는지 묻거나 페인트 색이나 장식품을 선택하라고 하면 일반적으로 여자아이보다 관심을 적게 보인다.

그렇다고 아이에게 강요하지는 마라. 대신 흰색 벽과 현대적인 색상의 물방울무늬 이불, 진홍색 줄무늬 이불, 거대한 오렌지색 펠트 메모판 또는 라임색과 인디고 블루의 데님 빈백 의자가 있는 여자아이 방 같은 공간을 제안해본다. 십중팔구 남자아이는 즉각 그것들을 좋아하지 않는다고 말할 것이다. 딱히 어떤 것을 좋아한다는 표현은 인색하지만, 싫은 것은 확실하게 표현한다.

어떤 남자아이는 아이러니하게도 정리되지 않은 것 같은 자연스러운 방을 좋아한다. 군대 캠프 같은 단순한 몇 가지 아이템만으로 자신의 방을 빛나게 꾸민다. 별과 스트라이프가 강렬한 큰 성조기, 조랑말무늬 쿠션으로 멋진 남자아이의 아지트를 만들었다.

정말 남자 방답게 꾸며주는 아이템

일반적으로 벽이 밋밋한 경우, 벽을 장식하는 독특한 방법은 많다. 한쪽 벽에 큰 깃발을 천장에서부터 바닥까지 드리우면 대담하고 세련돼 보인다. 또는 지도를 걸어도 좋고, 천장부터 바닥까지 블랙 칠판을 붙여 낙서하는 장소를 만들 수도 있다. 아니면 벽에 실제로 그림을 그린 듯 멋진 은빛이 나는 벽지로 도배를 하는 방법도 있다.

장식품으로 벽을 장식하는 방법도 있다. 누워서 타는 서프보드인 부기 보드나 플라스틱 물고기와 실을 엮어 만든 거대한 그물망을 만들어 설치하거나 천장을 통해 기어들어오는 듯한 큰 플라스틱 공룡 시리즈를 설치해보면 어떨까? 큰 소품 하나는 강렬한 컬러처럼 현대적인 이미지를 또렷하게 심어준다. 그래서 벽에 붙이는 소품은 신중하게 선택하는 것이 좋다.

아이가 배트맨 같은 캐릭터에 빠져 있다면 적당한 원단으로 큰 바닥쿠션을 만들어주거나 커다란 포스터 정도만 붙여주어도 된다. 아이에게 엄마가 자기가 좋아하는 것을 수용했다고 느낄 정도로만 장식하고, 추가 요구 사항은 무시한다. 왜냐하면 아이들이 무언가를 좋아하는 열정은 어느 순간 미묘하게 끝나고, 다른 단계로 이동하기 때문이다. 어쩌면 후크 선장보다 더 강렬한 장식을 지속적으로 요구할지도 모른다.

골동품 같은 어두운 톤의 엔티크 스타일 침대는 누가 어떻게 사용하느냐에 따라 느낌이 달라진다. 이 방은 기린 다리 모양을 한 사이드 테이블, 벽에 건 십자 문양의 깃발, 패치워크로 만든 침구 같은 독특한 소품들로 장식해서 엔티크한 침대가 어른 침대로 보이지 않는다.

아이 방은 그림을 그리는 캔버스를 만든다는 생각으로 깔끔하게 페인트로 마감하고, 화이트 롤 블라인드만 설치한다. 그러면 어떤 콘셉트의 테마로 꾸미더라도 제한 없이 자유롭게 꾸밀 수 있다. 녹색 고무 매트 위에 소가죽(송치)으로 만든 가구를 놓고 천장을 파란색으로 칠한다면 침대는 전원의 휴식처 같은 느낌을 주는 은신처가 된다. 원목 마루를 깔고, 선박이나 비행기에서 볼 수 있는 둥근 창문을 만들고, 보트가 그려진 이불을 덮어주면 매일 밤 바다를 탐험하게 될 것이다.

이처럼 아이 방 인테리어는 어떤 테마로도 꾸며질 수 있다. 단, 테마를 연출한 핵심 자재가 너무 비싸지 않아야 하고 바꾸기 쉬워야 한다는 것을 염두에 둔다.

모든 아들들이 원하는 방의 조건

남자아이는 거칠고 늘 분주하다. 그러면서도 편한 침대와 친구들과 함께할 특별한 공간을 원한다. 아이의 방에 여유 공간이 없다면 팔걸이가 있는 벤치 스타일의 소파를 침대처럼 사용할 수 있게 하는 것도 괜찮은 방법이다. 감촉과 내구성이 좋은 이불과 따뜻한 모직 체크 담요만 준비해주면 된다.

주홍색 또는 녹색 같은 선명한 색상의 큰 양털 담요를 침대 이불 위에 스프

아이 방의 벽지를 세계지도로 붙이는 것은 남자아이 여자아이 구분 없이 모두에게 좋은 아이템이다. 세계 여러 곳의 빈티지 소품으로 데커레이션을 해주면 더 의미 있는 공간으로 연출할 수 있다

Wyoming
Nebraska
Omaha
Lincoln
NEVADA
Reno
Ogden
Salt Lake City
Great Salt Lake
Kansas
Topeka
Wichita
Sacramento
Berkeley
Oakland
California
Fresno
Los Angeles
Santa Barbara Islands
San Diego
Oklahom
Amarillo
Oklahoma City
Wichita Falls
Fort Worth
Dall
Texas
Waco
Austin
San Antonio
Guadalupe I.
San Sebastian
Vizcaino Bay
Chihuahua
Northern
Sierra
Laredo
Corpu
Pacific
Mexico
Torreón
Monterrey
Eastern Sierra Madre
Ocean
Mazatlán
San Luis Potosí
Tampico
North Tropic (To Turn) Sun Line
Tropic of Cancer
Zacatecas
Aguascalientes
León
United States Readiness
Detroit
Internat
State
Cities
over 1,000,000 Population as Detroit
500,000 to 1,000,000 as St.Louis
100,000 to 500,000 as Rochester
50,000 to 100,000 as Pensacola
less than 50,000 as Helena
Capitals Underlined thus: Lansing
Guadalajara

레드처럼 얹어두면 낮 동안 침대를 말끔하게 정리할 수 있다. 푹신한 방석이나 재미있는 쿠션처럼 보이는 입구가 열리는 어린이 침낭도 아이에게는 좋은 아이템이다.

흥미로운 조명을 사용하여 방에서 자기만의 분위기를 만들 수 있는 기회를 만들어주는 것도 좋다. 침대 위에 마그마 같은 버블램프나 책상에 지구본 조명 또는 다양한 컬러의 전구를 줄줄이 연결한 라인, 조명 등은 모두 좋은 아이템이다. 조명 외에도 펀치 백, 농구 후프 등 같은 몇 가지 기발한 아이디어를 추가하면 아이가 원하는 진짜 자신만의 아지트를 갖게 된다.

아이들은 공간에 자기 이름을 붙여주는 것을 좋아한다. 그러니 어떤 형태의 디자인이라도 괜찮으니 문, 수납 바구니, 침대 헤드, 붙받이장 등 아이 방 곳곳을 이니셜로 장식해보자. 이 집은 문에 이름을 달아 아이에게 '자기만의 공간'이라는 느낌을 확실하게 주었다.

N ATLANTIC OCEAN
WEST INDIES
CAPE VERDE IS
CANARY IS
MALI
NIGER
CHAD
NIGERIA
CENTRAL AFRICAN REPUBLIC
GULF OF GUINEA
EQ. GUINEA
SAO TOME E PRINCIPE
PRIME MERIDIAN
ASCENSION IS
GABON
CONGO
ZAIRE
LAKE VICTORIA
RWANDA
BURUNDI
LAKE TANGANYIKA
TANZANIA
ANGOLA
ZAMBIA
NAMIBIA
BOTSWANA
SOUTH AFRICA
ST HELENA IS
VENEZUELA
TRINIDAD & TOBAGO
FRENCH GUIANA
MOUTHS OF THE AMAZON
ST PETER & ST PAUL ROCKS
FERNANDO DE NORONHA
BRAZIL
SOUTH AMERICA
PERU
BOLIVIA
PARAGUAY
TRISTAN DA CUNHA
SOUTH ATLANTIC

SHARED ROOMS

{ 형제자매 또는 남매의 방, 따로 또 같이 인테리어 }

형제나 자매가 함께 쓰는 방은 아이들 모두가 좋아하는 콘셉트로 꾸며야 한다. 그러면서도 아이 각자를 위한 장식 코너와 독립된 따로따로의 영역도 있어야 한다. 함께 사용하는 방은 놀이를 같이하기는 좋지만, 잠자기엔 충분히 조용하지는 않다는 점을 감안해 편한 침실을 연출하는 감각이 필요하다. 따로 또 같이하는 아이 방에 필요한 아이디어와 인테리어 노하우를 들어보자.

공동 침실을 꾸밀 때 기준이 되는 것

아이들이 침실을 함께 사용한다면 부모 대부분은 골칫거리부터 생각하기 마련이다. 한 아이가 컴퓨터를 하면 다른 한 아이는 책을 읽고 싶다거나 잠을 자고 싶다는 등 잦은 언쟁이 일어날 것이 분명하기 때문이다. 그렇다고 방을 함께 쓰는 것을 악몽같이 느낄 필요는 없다. 어릴 시절 형제자매와 방을 함께 썼던 어른들에게 물어보면 스탠드 조명 아래서 같이 책을 읽거나 불을 끄고 둘이 놀았던 즐거움을 추억이라고 말한다. 심지어 형제자매와 함께 일어

여자아이끼리 함께 쓰는 방은 좀 더 디테일하게 장식할 수 있다. 여자아이들은 분홍색을 기본적으로 좋아하지만 부드러운 파랑이나 옅은 빨강 같은 차가운 색도 좋아한다. 자매가 좋아하는 전체적인 색감은 아마도 거의 비슷할 것이다. 이 방은 좌우 나란히 침대를 배치하고, 쌍둥이 의자를 놓아 차분한 분위기를 만들었다. 스탠드 조명이 있는 곳과 천장에 빛이 들어오는 창이 있는 곳에 침대를 각각 배치하여 공간을 나누었다.

MY FRIEND
MR. MOUSE
Hearts

나고 매일 밤 함께 잠드는 것은 인생의 중요한 선물이었다고 말한다. 이런 의견을 참고해서 자신감을 가지고 아이들이 함께 사용하는 방 꾸미기를 시도한다면 어린 동생과 공간 때문에 싸우는 것조차 모두에게 재미있는 일이 될 것이다. 과감하게 공동 침실 꾸미기에 도전해보자.

공동 침실을 구상할 때는 각각의 공간 즉, 영역 구분이 제일 중요하다. 어릴 때부터 아이들은 자기의 특별한 보물이나 장난감을 숨겨두고 친구와 함께 숨어서 놀 수 있는 개인 공간을 좋아한다. 어린아이의 경우 누가 어떤 공간을 사용할 것인지를 결정하는 일은 엄마의 몫이다. 그러나 아이가 자라면 공간을 분할할 때 아이들의 의견을 적극 받아들여야 한다.

공간을 어떻게 나눠줘야 할까?

공간을 잘 나누려면 가구 또한 재배치가 필요하다. 나눈 공간 중 가구가 적은 곳으로 가구 일부를 더 옮기는 것이 공평하다.

방을 나눌 때는 크기가 큰 창을 기준으로 나누면 편하다. 두 개의 큰 창이 있는 방이라면 아이마다 하나의 창을 가질 수 있도록 이등분하면 된다. 바닥

공간과 가구를 화이트로 깔끔하게 연출한 이 방처럼 공간이 자칫 단조로워 보일 때는 인형 등의 작고 귀여운 아이 물건으로 각각의 침대를 꾸며준다. 아이 이름을 딴 이니셜 스티커를 침대, 수납장, 의자 등에 붙여 각각의 영역을 표시해주면 아이들이 좋아한다. 또 이렇게 침대를 나누어놓았을 때는 침대 사이에 낮은 벤치를 놓아 침대에 오르게 편하게 돕고, 아이들이 함께 앉을 수 있는 작은 공간을 만들어준다.

면적을 기준으로 공간을 나누면 자로 잰 듯이 정확히 같을 수는 없다. 그래서 엄마는 타협의 가능성을 열어두고 타당하게 보완을 해줘야 한다. 한 아이에게 창을 주었다면 다른 아이에게는 디스플레이할 수 있는 장식장 앞 공간을 내어주는 것도 방법이 될 수 있다. 이렇게 공간을 분할하면서 아이들은 영역을 나누는 논쟁을 재미있어 한다. 또 자신의 영역에 들어오는 형제를 맞이하는 일도 마치 공식적인 초대 행사를 치르는 어른이 된 것처럼 느끼는 등 나름의 재미를 찾을 수도 있다.

공간을 나누는 색다른 방법 1, 2

공간을 나누는 것은 눈으로 보이는 공간 분할도 있지만 잠을 따로 자는 신체적 분리도 있다. 어린아이의 경우에는 육체적인 분리가 적을수록 좋은데, 서로 침대를 가깝게 사용함으로써 편안함을 이끌어낼 수 있기 때문이다. 그리고 엄마 입장에서도 두 아이에게 동시에 책을 읽어주고, 잠자리를 봐주는 일도 편하게 할 수 있다.

두 침대를 가깝게 놓을 때도 각자의 공간을 표시해주는 것은 필요하다. 이럴

헤드와 풋 보드가 없는 침대 두 개를 배치하고, 침대가 맞닿는 사각 코너에 사이드 테이블을 만들었다. 대각선으로 마주보게 놓은 침대는 각각 개인 공간을 유지하면서 서로의 침대에 부딪치는 위험도 없는 안정적인 배치를 보여준다. 아이들은 침대에 누워 서로 이야기를 나눌 수도 있다. 어린 자매를 위한 편리하고 현명한 선택이다. 함께 사용하는 방은 수납이 필수적이기 때문에 한쪽 침대 아래에 장난감 서랍장을 짜넣었고, 다른 한쪽 침대는 소파나 침대로 사용할 수 있게 슬라이딩 형의 침대를 짜넣었다.

침실을 함께 사용하는 것은 아이 모두에게 즐거운 일이어야 한
다. 그래서 방 한쪽에서 한 아이가 자더라도 다른 한쪽에서는 아
이가 놀 수 있어야 한다. 이렇게 각자의 생활을 유지할 수 있게
하려면 거대한 평상형 침대를 주문 제작하는 것도 생각해본다.
계단을 중심으로 좌우로 잠자리와 놀이 공간을 만들었다.

때는 벽이나 바닥에 화살표 모양의 스티커를 붙이거나 색깔 있는 발자국 스티커를 붙여서 분할하는 것도 재미있다. 이렇게 자란 형제사매는 성장하면서 각자의 공간을 갖게 되더라도 그들의 상상력은 함께 공유할 수 있게 된다. 아이들이 서로 잘 지낸다면 실내 공간을 잠자는 곳과 놀이·학습 공간으로 나누는 것도 괜찮은 방법이다. 대신 침대는 함께 붙여놓더라도 각각 따로 두 개를 준비해야 한다. 이 방법은 방이 좁을 경우 아주 유용하다. 이층 침대 또는 각각 평상형 침대를 사용하더라도 침대 헤드를 같이 사용한다면 공간을 많이 절약할 수 있다. 이때 슬라이딩 도어나 또는 천장부터 바닥까지 내려오는 투명한 커튼으로 잠 잘 공간과 놀이 공간을 분리는 해야 한다. 아이들이 숙제를 할 수 있는 책상은 긴 카운터형 탁자를 마련해 함께 사용하게 하거나 같은 책상 두 개를 나란히 놓아준다.

제법 자란 아이들이 함께 쓸 때 이것은 꼭

아이들이 성장하면서 각자 집중하기 어려워질 수도 있다. 이럴 때는 합판으로 만든 파티션을 침대 사이에 설치한다. 그러면 파티션은 각자의 메모판으

차분한 느낌을 주는 파스텔톤 컬러는 다소 대담한 컬러의 체크무늬나 스트라이프무늬 패브릭과 코디하면 잘 어울린다. 이 방은 남자아이, 여자아이가 함께 사용하는 방이지만 색상과 패턴으로 완벽한 조화를 이루었다. 여자아이 침대는 플라워 패턴으로, 남자아이의 침대는 짙은 색감의 시트와 체크무늬 이불로 성별 취향을 고려했다. 베갯잇으로 좀 더 남성적인 분위기로 바꿀 수 있다.

로 사용할 수도 있다. 이런 방법으로 바닥 공간을 분리하여 여유를 두면 아이들이 함께 재미있는 게임에 몰두할 수 있다. 어린 시설처럼 놀이 방이 따로 필요없다.

아이들은 따로 누워 있어도 여전히 서로 이야기를 속삭인다. 이럴 때 바닥에서 천장까지 파티션을 세우는 것은 공간을 나누는 좋은 디자인이다. MDF에 레이저 컷팅으로 조각을 새겨 빛이 비치는 슬라이딩 스크린이나 석고보드로 만든 가벽에 둥근 창을 만든 디자인을 추천한다.

남자아이는 둥근 구멍이 있는 타공판 스크린으로 파티션을 제작하고 바퀴를 달아 침대 발치에 두었다가 필요할 때 침대 사이에 세워두게 해도 된다. 여자아이는 공주님 방처럼 보일 듯 말 듯한 오간지 천으로 주름을 잡은 캐노피를 드리워 자신만의 침실을 만들 수도 있다.

남매가 함께 쓸 때 가장 쉽게 꾸미는 법

남자아이와 여자아이, 즉 남매가 같이 사용하는 침실에서 가장 시급한 문제는 서로 확연하게 다른 취향을 조율하는 것이다. 남매가 아주 어리다면 벽은 흰색 페인트를 칠하고, 침대에 각자의 개성이 나타나도록 분위기를 만들어준다. 똑같은 침대를 나란히 놓아주는 것은 매력적인 방법이다. 대신 각각의 침대는 다른 이불로 독특한 느낌을 연출한다. 손쉽게는 같은 디자인의 이불을 두 가지 대조되는 색상으로 준비하면 차별된 디자인으로 보여진다.

마지막으로 남매의 방이 전체적으로 어울리는 꾸밈이 되려면 탁자, 러그, 전등갓 등은 남녀 구분 없는 단순한 소품들로 장식한다면 훨씬 더 조화를 이루기 쉽다. 남매가 이층 침대를 사용한다면 개성은 훨씬 더 중요하다. 각자 좋아하는 장난감과 편안한 쿠션을 침대 코너에 놓거나 다른 패턴의 이불을 사용하게 할 수 있다. 하지만 전체적인 조율이 필요하다는 것은 잊지 말자. 아이들의 각자 다른 취향을 동시에 해결하기는 어렵다. 일반적으로 체크무늬, 스트라이프 또는 물방울무늬 정도는 남녀 모두 무난하다. 여자아이는 꽃무늬가 프린트된 이불, 남자아이라면 자동차 그림이 들어간 패브릭 정도면 같은 공간에 있어도 괜찮다.

아이들의 불만을 단번에 없애줄 데코 팁

만약 아이 침실에 벽화를 생각하고 있다면 신중할 필요가 있다. 벽화는 한 번 그리면 자주 바꿀 수 없기 때문에 자연 풍경이나 무난하게 배경이 되는 주제로 그리는 것이 좋다. 예를 들면 숲 속 동굴, 여름 하늘, 달 표면 등을 제대로 그린다면 어떤 가구나 소품도 잘 어울릴 것이다. 또한 아이들은 흰색 벽에 녹색의 큰 잎을 그리고 거기에 기어가는 무당벌레를 그리는 디테일한

서로 다른 취향을 가진 아이들인 경우, 문제를 한 번에 해결하는 좋은 방법은 침실 전체 분위기를 주도하는 멋진 벽화를 그리는 것이다. 벽화는 그림을 그리거나 뮤럴 벽지를 붙이는 방법이 있다. 어찌 되었던 벽화는 누구 개인의 공간이라는 실체는 없어지고, 모두가 벽화 속 주인공이 된다. 단순히 자고 일어나는 방이었던 침실이 마법의 장소로 변하기 때문에 굳이 각자의 공간에 대해 경계심을 세울 일이 없어진다. 벽화는 가리고 싶은 곳을 위장하기에도 아주 좋은 방법이다. 또 모든 사람들이 나뭇가지에 책을 놓아두는 동화 같은 일을 꿈꾸기도 하는데 이 벽화는 그런 환상을 현실화한 독창적인 아이디어를 보여준다.

그림도 좋아한다. 이런 벽화는 아이들의 잠자리를 즐겁게 한다. 단, 주의할 점은 벽화를 그린 방의 세부 장식은 단순해야 한다. 디자인이 심플한 커튼과 침구, 장식이 요란하지 않은 침대면 충분하다. 너무 현대적인 마감재는 시선이 분산되어 귀여운 벽화의 시각적 매력을 떨어뜨릴 수 있으므로 정감이 느껴지는 소재를 고른다. 화려하고 판타지 만화 같은 벽화는 모두에게 매력적인 아이템이지만 아이 방에는 너무 복잡하지 않고 사실적인 것이 좋다.

개성을 살리면서 조화를 이루는 벽 연출법

벽에 칠할 페인트는 아이들 모두가 좋아하는 색으로 한다. 아이와 함께 페인트 컬러 칩에서 색을 고르는 일은 번거로울 수 있지만, 아이들에게는 즐거운 놀이가 될 수 있다. 색은 각자 좋아하는 것이면서 동시에 서로 조화를 이룬다면 아이 방을 근사하고 모던한 분위기로 변신시킬 수 있다.

아이들이 각자 선호하는 색으로 방을 꾸미는 것은 의외로 간단하다. 한 벽에는 남자아이의 침대 헤드가, 다른 벽에는 여자아이의 침대 헤드가 오도록 배치하는 것이다. 이렇게 각자 서로 한 벽씩 사용하는 것은 좋은 방법이다. 전

벽마다 컬러를 다르게 해서 꾸미는 일은 함께 사용하는 방을 꾸미는 좋은 방법이다. 이 방에 칠해진 대담한 컬러는 작은 인형의 옷, 그림, 사진, 아이들의 다른 보물 같은 것을 돋보이게 하는 좋은 배경이 되고 있다. 또한 레트로 스타일의 가구는 아이 방에 이상적이다. 이런 가구는 상태가 그다지 좋지 않더라도 스크래치가 생기거나 더러워지는 것에 부담이 없어서 오히려 편하게 사용할 수 있고, 표면이 코팅된 재질이거나 내구성이 좋아 청소가 쉽고 실용적이다.

남자아이와 여자아이가 함께 방을 쓴다면 '유니섹스 콘셉트'로 장식한다. 세 살짜리 여동생과 일곱 살 오빠가 함께 사용하는 이 방은 붙박이장, 책상, 책장은 함께 사용할 수 있게 하고, 같은 침대 두 개를 양쪽에 배치하고 각각 수납장을 배치해 공간을 균등하게 분할해주었다.

침대는 아이들이 나란히 자는 것을 좋아하는지 각각 떨어져 자는 것을 좋아하는지를 고려해서 배치하면
된다. 이렇게 함께 사용하는 방의 인테리어 포인트는 침대 뒷벽을 각자의 특성이 나타나도록 꾸미는 것에
있다. 여자아이는 선명한 분홍색과 오렌지색, 남자아이는 톤 다운된 부드러운 카키색 계열로 꾸미면 좋
다.

체적으로 조화롭고 멋진 페인팅을 하려면 딸이 선명한 핑크를 원하는 경우 아들은 군대 분위기가 나는 강한 카키색을 칠해본다. 방의 세 번째 컬러는 방 한쪽에 있는 가구나 벽에 걸린 그림 속의 색을 가져오면 조화로운 분위기를 연출할 수 있다.

많은 사람들이 서로 대조적인 색상을 사용하는 것은 강렬할 것 같아서 조심스러워하지만, 흰색 침구와 원목 마룻바닥이라면 생각하는 것 이상으로 잘 어울린다.

책상과 낮은 책장을 놓아 학습에 집중할 수 있도록 꾸민 창가 맞은편. 노랑과 오렌지색으로 가구와 벽을 통일감 있게 연출하고, 인형이나 귀여운 장난감 등 여동생의 물건으로 아기자기하게 꾸며 경쾌한 느낌을 더했다. 이렇게 가구와 소품, 그리고 벽면의 색상을 조절해 학습 공간과 놀이 공간으로 분리, 두 아이가 서로를 방해하지 않고 공간을 충분히 나눠 쓸 수 있도록 했다.

STORAGE

공평하다고 느끼게 하는 알짜 수납법

동성끼리 방을 같이 사용한다면 여성스럽게 또는 남자답게 아이들 취향을 더 쉽게 반영할 수 있다. 그러나 각각 사용하는 물건이나 소품은 구분해줘야 한다. 동성 아이들이라도 한 아이는 핑크, 다른 아이는 녹색을 선호한다면 가구나 장난감 상자의 색을 달리해 미묘하게 구분을 해주는 것이 좋다. 침구, 세탁물 바구니, 전등갓, 의자 등 각자 사용하는 물건에 아이 이름을 딴 이니셜을 붙이는 것도 좋은 방법이다. 또 한 아이는 자동차, 다른 아이는 나비 같은 모티프를 활용해서 각자의 물건을 쉽게 구분할 수도 있다. 벽에 수

새 가구는 흠집이 나는 것이 두려워 아이들이 편하게 사용하기 힘들다. 물려받은 제품이나 가벼운 알루미늄 네이비 의자(navy chair, 손잡이가 없고 등판에 세 개의 바가 있는 디자인이 심플한 의자. 알루미늄으로 만들어져 가볍고 튼튼하다)와 철제 수납장 같은 빈티지 가구들은 아이들이 좋아하기도 하고 실제로 멋진 공간을 만들 수 있다.

HERGÉ
LES AVENTURES DE
TINTIN
LES CIGARES
DU
PHARAON
HERGÉ
LES AVENTURES DE
TINTIN
TINTIN
EN
AMÉRIQU

HERGÉ
LES AVENTURES DE TINTIN
TINTIN
EN
AMÉRIQUE
CORNELL

함께 사용하는 방에 이층 침대가 있다면 아이들은 서로 이층에서 자려고 할 것이다. 남자아이들이 제법 성장했다면 이 방처럼 기숙사 스타일로 꾸민다면 1층 2층 구분 없이 함께 공유할 수 있다. 흰색 격자 창, 원목 마룻바닥과 실용적인 금속 프레임 침대에 찌그러진 스포츠 사물함, 알파벳 이니셜을 붙인 트렁크, 알루미늄 의자 등은 기숙사 같은 느낌을 주는 알맞은 아이템이다. 기숙사 스타일로 꾸며서 옷장을 같이 쓰고, 같은 침구를 사용하게 하는 이런 꾸밈은 생활에 작은 재미를 더한다.

료증이나 상장 및 개인 작품을 붙여둘 수 있는 메모판도 각각 개별적으로 준비해준다.

들뜨는 분위기를 가라앉히는데 요긴한 조명

함께 사용하는 방에서 한 아이는 어지르고, 다른 아이는 깔끔하게 정리를 한다면 싸움은 불가피하다. 이때는 서랍장, 장식 선반, 옷장을 따로 준비한다. 대신 장난감 상자는 굳이 분리하지 않아도 된다. 아이들이 침실을 함께 쓰는 경우 장난감을 같이 가지고 노는 것은 당연하기 때문이다. 그러나 어린 동생의 호기심을 자극하는 특별한 보물 같은 장난감은 뚜껑이 있는 상자에 따로 담아둘 수 있게 한다. 그러면 동생이 몰래 가져갔다고 싸우는 일이 덜 생긴다. 함께 사용하는 침실은 동시에 아이들 놀이 방이기도 하다. 따라서 놀이 후 모든 것을 신속하게 정리 정돈해야 하므로, 문 뒤로 감추는 수납을 할 수 있으면 좋다. 장난감이 없더라도 놀이에 신난 아이들을 재우는 일도 힘든 일인데, 장난감 바구니까지 보인다면 난감하다.

이런 경우 조명으로 침실을 차분한 분위기로 만든다. 함께 사용하는 방에 조명을 설치하는 일은 혼자 사용하는 방에 조명을 놓을 때와는 다르다.

서로 나이가 다른 세 아이가 조명 하나로 생활한다면 아이들은 혼란스럽고 어수선할 것이다. 왜냐하면 큰 아이는 침대에서 책을 읽을 수 있는 조명이 필요할 것이고, 동생은 밤에 천장에서 별처럼 빛나는 반짝이 조명이 필요할 것이기 때문이다.

아이 방에는 예쁜 펜던트 조명보다 훨씬 밝은 방 전체를 밝히는 천장 조명이 좋다. 대신 밤에는 빛을 줄일 수 있는 조광기 스위치를 설치해야 한다. 아이들이 즐길 수 있는 엉뚱하지만 재미있는 조명도 추천한다. 예를 들어 조명이 되는 큰 벽시계나 멋진 수조에서 빛이 나는 장식품들은 조명 기능 뿐 아니라 멋진 공간을 연출한다. 적절한 조명 배치야말로 제대로 된 인테리어를 완성하는 길이다.

아이들 침실에는 상상력을 높여줄 수 있는 조명을 단다. 돛대 모양의 조명이나 야광별처럼 반짝반짝 빛나는 조명은 아이들에게 최고의 환경이 된다.

친구에게 은근히 뽐낼 수 있도록 해주는 방법

가족이 따뜻하고 추위를 피할 수 있어야 좋은 집이 되는 것처럼 아이들도 함께 사용하는 침실을 모두 좋아하고 즐거워해야 진짜 그들만의 둥지가 된다. 공간이 충분하다면 아이들 모두가 만족하는 공간이 되도록 꾸며주는 것이 무엇보다 중요하다. 어린이용으로 가벼운 라운지형 의자, 풍선처럼 공기를 불어넣는 팽창식 고무의자를 소파 겸용 데이 베드(daybed)로 쓸 수 있게 준비해주자. 큰 아이를 위해 텔레비전을 설치하는 것도 좋은 방법이다.

같이 방을 쓰지 않는 어린 동생이나 주말에 친구가 자고 갈 때 데이 베드나 접이식 침대를 사용하는 것은 아이들에게는 신나는 일이다. 또 아이는 여분의 침실이나 소파 베드에서 가끔 잠을 자는 것도 좋아한다. 아이들도 어른처럼 때로는 자신이 익숙한 공간에서 벗어날 시간이 필요하다.

BATHROOMS

{ 아이를 배려하는 공간, 키즈 욕실 인테리어 }

아이를 위한 특별한 욕실의 조건은 실용적일 것 그리고 창의적일 것, 이 두 가지다. 세련된 느낌의 욕실만으로는 아이에게 부족하다. 아이에게 적합한 수납공간, 아이의 긴장을 풀어주는 편안함, 씻는 걸 싫어하는 아이를 욕실로 이끌어줄 호기심을 불러일으킬 인테리어 아이디어가 중요하다. 욕실 가구, 목욕 용품 등으로 아이 욕실을 연출하는 인테리어 노하우를 배워보자.

DECORATING

인테리어하기 전에 먼저 챙겨야 할 아이 심리

집의 여러 공간 중 욕실은 청소나 관리 등 가장 손이 많이 가는 공간이다. 욕실은 아이가 학교 가기 전에 후다닥 씻고, 머리를 빗는 등 빠르게 몸단장을 할 수 있는 효율적인 곳이다. 이렇게 매일 씻고 이를 닦는 일과를 아이가 즐겁게 하도록 하려면 욕실은 충분히 매력적인 공간이어야 한다. 욕실을 아이가 스스로 가고 싶은 공간으로 만들면 자연스럽게 규칙적으로 씻는 습관을 들일 수도 있다.

가족이 함께 사용하는 욕실은 가족 모두에게 즐거운 공간이어야 한다. 이 집은 생기 있는 라임색과 천창으로 가족 모두가 만족할 화사하고 밝고 욕실로 꾸몄다. 욕실 디자인은 가능한 많은 여유 공간을 만들고, 활기를 북돋우는 컬러와 빛이 충분히 들어올 수 있는 창을 염두에 둔다.

아이 대부분은 날마다 목욕하는 것을 좋아하지만 씻는 것을 질색하는 아이도 있다. 이 닦는 것을 귀찮아하고 샤워하는 것을 싫어할 수도 있다. 하지만 보통 아이들은 목욕을 함으로써 안정을 찾는다. 일곱 살 정도가 되면 아이들은 형제자매와 함께 목욕하는 것을 꺼리게 된다. 어느 정도 차이는 있어도 여자아이는 욕조에서 거품 목욕을 좋아하는 반면 남자아이는 욕실 근처에는 얼씬도 하지 않으려 한다.

아이 욕실처럼 꾸미는 쉬운 방법

욕실은 전체적으로 발랄한 색으로 꾸미고, 방수 처리된 자재를 사용하고, 크기가 작은 변기와 세면대를 놓는다. 욕실에 필요한 좀 더 세심한 아이템은 부부 욕실에 설치한다. 아이 전용 욕실은 손님이 왔을 경우 손님용으로 사용할 수 있다.

그러나 욕실을 아이 전용으로 꾸미기 곤란한 구조라면 다른 방법을 생각해 본다. 큰 욕조와 편한 의자까지 놓을 수 있는 제법 공간이 나오는 욕실이라면 가족 전체를 위해 꾸미는 것도 괜찮다. 욕실이 좁다면 억지로 욕조를 끼워 넣는 것보다 변기와 세면대만 놓는다. 집 구조나 평형에 따라 여러 변수가 있지만 멋지게 꾸민 욕실을 가족 모두가 공유하고, 대신 작은 욕실은 샤워용으로 바꿔 부부가 사용하는 것이 현명하다.

욕실은 충분한 수납공간 또한 필수다. 이 욕실은 아이들 손이 닿지 않는 곳에 어른 물건을 넣어둘 수 있는 키 큰 붙박이장과 세면대 밑에 수납장을 만들었다. 아이가 팔을 뻗으면 닿을 수 있는 위치에는 기저귀 교환대를 추가로 설치했고, 선반은 욕실 용품과 아이 물건을 수납할 수 있게 깊고 넓게 만들었다. 두 아이를 키우는 이 집은 세면대를 두 개 설치해 바쁘고 분주한 아침 시간에 욕실을 효율적으로 사용할 수 있도록 했다.

FURNITURE

어떤 것보다 욕실에 꼭 있었으면 하는 욕조

욕실은 아이 방에서 가까워야 한다. 아이들은 잘 미끄러지기도 하고, 목욕 후 바로 잠옷을 갈아입고 잠자리에 들 수 있도록 침실과 가까운 곳에 있어야 한다. 만일 욕실을 처음부터 디자인하고 공사를 할 계획이라면 욕조와 샤워 부스를 따로 만들 것인지 아니면 욕조 위에 샤워기만 달 것인지부터 결정한다. 참고로 어린아이들은 샤워보다는 목욕을 좋아한다. 어떤 아이는 머리 위로 떨어지는 샤워기의 수압에 놀라기도 하고, 급하게 떨어지는 많은 양의 물에 겁을 먹을 수도 있다. 아이가 있는 집이라면 샤워 부스보다 욕조가 있는 욕실이 좋다.

아이가 욕조에 서서 샤워를 한다면 이는 샤워 부스보다 미끄러질 가능성이 더 높아 안전사고가 염려된다. 만일 욕조 안에서 샤워를 할 수 밖에 없다면 미끄럼 방지용 고무 매트와 비닐 샤워 커튼을 구매한다. 제일 좋은 방법은

아이 전용 욕실에는 작고 낮은 욕조와 미니 세면대가 좋은 선택이다. 머리를 찧을 수 있으니 모서리가 둥근 롤 탑(Roll-top) 이동식 욕조가 아이들에게는 이상적이다. 네 귀퉁이에 다리가 달린 빅토리아 스타일의 욕조는 사이즈도 다양하고, 색상도 여러 가지라서 마음에 드는 사이즈와 컬러를 선택할 수 있다. 욕실 한가운데 욕조를 놓는 것도 한번 생각해볼 일이다. 욕조에 들어갔다 나왔다 하는 것을 쉽게 해줄 뿐 아니라 벽에 물이 튀는 것을 줄일 수 있다.

어른은 샤워 부스를 따로 설치하고, 아이는 욕조에 손으로 잡을 수 있는 샤워기가 달린 어린이용 욕조를 쓰는 것이 머리를 감기에도 좋다. 아이는 독립적인 것을 좋아해 욕조 안에 혼자 들어갔다 나왔다 자신의 행동을 큰 자랑거리로 여긴다.

그런데 만일 아이 욕실을 손님과 함께 쓴다면 소형 욕조를 고르기 전에 손님의 입장도 고려해야 한다. 욕조는 선택하기 전에 반드시 두 번 이상 생각하고 신중하게 고르는 것이 좋다. 큰 욕조는 많은 장점을 가지고 있다. 아이 전용 욕실에 큰 욕조를 넣으면 형제가 같이 목욕할 수 있을 만큼 넓어서 좋고, 어른도 거품 목욕 같은 럭셔리한 목욕을 즐길 수 있어 좋다. 수도꼭지는 욕조 가운데 달려 있으면 아이들이 사용하기 편리하다.

꼭 신경 써서 아이에게 맞춰줘야 할 것

분주한 아침 시간에 대비해서 한 욕실에 두 개 또는 세 개의 세면대를 놓는 것도 좋은 방법이다. 작은 사이즈의 세면대를 나란히 배치하면 보기에도 근사하고 폭이 좁은 공간에서 매우 실용적이다. 아이용으로 사용하기 알맞은 실용적인 욕실 아이템은 생각보다 많다. 작은 스테인리스 세면대를 돌이나 나무 받침 위에 얹어도 된다. 부엌 싱크대처럼 아래에 수납장을 설치한 하얀 사각형 세면대는 감각적인 모습을 연출할 수 있다. 또한 파우더 룸이나 휴게실용으로 디자인한 크기가 작은 세면대들도 아이용 세면대로 사용하기 좋은 아이템이다.

벽에 부착하는 세면대는 아이 키에 맞춰 낮게 달 수도 있다. 어른이 사용하기에 적합한 외다리 기둥이 있는 페데스탈 스타일(아래쪽 배관을 감싸고 있는 세면대) 세면대를 설치한다면 튼튼한 플라스틱 의자나 나무 스툴을 따로 준비해줘야 아이들이 편하게 사용할 수 있다. 엄마의 이런 세심한 배려는 아이에게 화장실을 사용할 때 스스로 할 수 있다는 자신감을 준다.

아이 습관을 바꿔주는 인테리어 비법

십자 모양의 수도꼭지나 간단히 돌려 사용하는 레버형 수도꼭지는 둥근 손잡이에 비해 사용하기 편리하다. 찬물과 더운물이 합쳐져 나오는 원터치 수도꼭지는 온수 수도꼭지에 손을 데는 일을 방지할 수 있다.

벽에 달린 수도꼭지는 세면대에 장착된 수전보다 깨끗하게 관리할 수 있다. 상판이 넓은 카운터형 세면대는 목욕 용품을 세워둘 수 있어 편리하고, 세면대 하부에 수납장을 제작하는 것도 좋다.

단독 세면대라 수납공간이 없다면 칫솔은 벽에 홀더를 달아서 보관하고, 비누는 물비누로 대체하는 것도 세면대를 깔끔하게 사용할 수 있는 방법이다.

변기도 세면대처럼 벽에 장착하는 모델은 밑으로 낮춰 달 수 있다. 사용 후 물을 내리는 버튼을 아이가 손으로 누르기 힘들어하면 센서 타입으로 자동

아이만 사용하는 전용 욕실에서 가장 먼저 고려해야 할 것은 세면대를 아이 키에 맞춰 부착하는 것이다. 아이가 목욕하는 동안 엄마가 걸터앉아 도와줄 수 있는 스툴을 따로 준비한다.

컬러풀한 변기 시트 등의 작은 소품은 욕실 분위기를 완전히 바꿔놓는다.

욕실 표면은 반드시 튼튼하고 청소하기 쉬워야 한다. 이 집은 욕조 옆면을 화사한 색의 방수 판넬을 사용했다. 대리석이나 슬레이트 같은 자기 타일을 사용한다면 스타일리시한 동시에 실용성을 높일 수 있다.

물 내림이 되는 변기를 고려해보는 것도 좋다.

만약 여유 공간이 있다면 수건을 건조하는 열선을 설치해보자. 젖은 수건을 다시 쓰는 찝찝함 없이 늘 쾌적하게 따뜻한 수건을 사용할 수 있다. 보통 욕실에서 수건 건조기보다는 칫솔 살균기를 더 많이 사용하므로 이 방법은 한번 생각해볼 만하다. 또 욕실 바닥에 난방 선을 깔면 겨울에 아이들이 춥지 않게 목욕을 할 수 있다.

마냥 타일로만 꾸미는 욕실에서 벗어나는 방법

욕실은 100퍼센트 방수가 되는 자재를 사용해야 곰팡이나 오염 물질에 대한 걱정 없이 편하게 사용할 수 있다. 물을 직접적으로 사용하지 않은 건식 욕실이거나 파우더 룸은 밝은 색상의 미끄럼 방지용 고무 타일, 데코 타일이나 비닐 장판을 사용해도 무난하다. 무래, 주개껍질 같은 물과 관련된 테마가 프린트된 PVC 플라스틱 타일도 있다. 쪽마루나 페인트칠한 나무 합판, 표면을 코팅한 강화마루는 많은 양의 목욕물에는 약하다. 그래서 욕실에는 타일을 사용하는 것이 가장 좋다. 특히 슬레이트나 돌 타일 같은 자기질 타일

높은 세면대를 편하게 사용할 수 있도록 나무로 만든 스텝 사다리를 놓았다. 튼튼한 스툴을 놓아도 된다. 최근에는 아이들 높이에 맞는 아동용 위생기도 있고, 아이의 성장에 맞춰 높이를 조절할 수 있는 디자인도 많이 판매되고 있다.

은 방수뿐 아니라 바닥에 보일러 시설을 한다면 마치 온천처럼 따뜻하고, 발이 닿는 감촉도 아주 좋다. 그러나 일반적으로 어떤 자재도 물에 젖으면 미끄러워지므로 욕실 앞에 포근하고 흡수력 좋은 욕실 매트를 까는 것이 좋다. 안전사고를 방지하기 위해 조약돌, 작은 조개껍질이 박혀 있는 것 같은 엠보싱이 있는 미끄럼 방지용 매트를 깐다. 벽은 물이 튀기 때문에 바닥에서부터 천장까지 도기질 타일을 사용하는 것이 가장 합리적이다. 타일 대신 페인트를 칠하더라도 허리 높이까지는 타일을 붙이고, 그 위만 페인트를 칠하는 것이 좋다.

인테리어 기준이 되는 이것, 색과 소재

페인트를 칠한 마룻바닥이나 세면대 상판 등 욕실에 사용하는 자재의 컬러를 신중하게 고르는 것이 욕실 디자인의 시작이다. 가족 욕실에 사용한 흰색 타일은 정교한 스타일을 연출할 수 있다. 이렇게 꾸민 욕실에는 성인 취향의 소품보다는 아이의 컬러풀한 장난감에 주력하는 것이 더 좋다.

부모는 석회암 같은 자재의 타일로 마감한 욕실을 좋아하지만, 물에 강한 유리나 스테인리스 재질의 파티션도 필요하다. 아무리 세련된 자재라도 욕

어른과 아이가 함께 쓰는 욕실에 무쇠로 만든 금속 욕조는 화려함을 더해준다. 만일 바디샤워니 레인샤워 같은 파워 샤워기를 부착한다면 물이 분수처럼 나오는 분사 기능이 있는 샤워기를 따로 설치해야 사용하기 편리하다.

실에서는 방수가 그 무엇보다 중요하다. 세면대 하부 수납장 문이나 욕실 천장용 자재도 방수 합판을 사용하는 것이 좋다. 건식 욕실의 벽은 기성품 패널을 끼워서 조립하거나 MDF 판넬을 사용해도 된다. 단, 그 위에 페인팅을 한다면 곰팡이나 결로를 막아주는 욕실용 방수 페인트를 덧칠한다.

욕실용 페인트도 다양하게 조색이 가능하다. 흰색 위생기라면 컬러풀한 벽으로 욕실에 재미를 줄 수 있다. 녹색, 청록색 같은 컬러로 재즈 분위기가 나는 욕실을 만들어보면 어떨까? 욕실 벽에 넓은 가로 줄무늬를 그리듯 칠하거나 수납장 문을 다른 컬러로 칠하는 것도 욕실에 색을 입히는 좋은 방법이다.

가족이 함께 사용하는 욕실은 카멜레온처럼 다양하게 변모할 수 있게 색상 계획을 잘해야 한다. 바닥 타일이 석회암 같은 짙은 회색이라면 세련된 라일락꽃잎색 또는 옅은 녹색으로 벽을 꾸미면 어른의 욕실로도 무난하다.

좀 더 아이 공간처럼 꾸미는 욕실 데코 팁

아이 용품으로 어수선하지 않은 깨끗하게 치워진 욕실을 원한다면 아이의 물건을 수납할 공간을 따로 만들어야 한다. 또 아이들이 번쩍거리는 캐릭터 수건을 사용하더라도 욕실에는 무늬 없는 질이 좋은 수건을 따로 준비해야 된다.

모든 의약품 캐비닛은 아이 손이 닿지 않는 높은 곳에 놓아야 하고, 반드시 잠금 장치도 있어야 한다. 또 거품을 내는 목욕 용품을 따로 보관할 붙박이

아이들의 상상력을 자극할 수 있는 물건들로 욕실을 꾸며준다면 목욕 시간은 훨씬 더 즐거워진다. 물론 욕실을 어른과 함께 사용한다면 모든 것을 아이용으로만 놓아서는 안 된다. 욕실 벽은 하얀 타일이나 홈에 끼우는 패널로 최대한 심플하게 디자인하는 것이 아이나 어른 모두를 만족하게 하는 기본 스타일이다. 욕실 장난감을 담아둘 바구니나 목욕 용품을 놓아둘 낮은 선반 같은 세심한 아이디어도 필요하다. 수족관처럼 만든 욕실 수납장도 독특하다. 반짝이는 은색 방수 원단, 가족 사진을 끼울 수 있는 포켓이 달린 샤워 커튼은 욕실에 재미를 더해주는 좋은 아이템이다.

장을 만들어줘야 된다. 세면 용품을 따로 보관해야만 세면대 주변을 축축한 물기 없이 뽀송뽀송하게 유지할 수 있기 때문이다. 아이 방에 장난감을 정리하는 수납용 바구니를 둔 것처럼 욕실에도 플라스틱 상자를 따로 준비해주면 아이가 목욕 후 깔끔하게 욕실을 정리할 수 있다. 마지막으로 아이 전용 욕실이라면 욕조 위에 선반을 달아주면 플라스틱 물고기나 잠수함 같은 장난감을 진열할 수 있다. 욕실을 장식하면서 수납도 할 수 있는 아이템이다.

PLAY SPACES

{ 아이 잘 노는 집의 핵심, 놀이 공간 인테리어 }

활동적이거나 정적이거나 그 어떤 것이든 놀이는 아이에겐 삶의 활력소다. 그래서 아이들은 쉴 틈 없이 뛰어다니고, 장난감을 갖고 놀 수 있는 공간이 필요하다. 이런 아이의 성장 본능을 공간이 제한한다면 정말 잘못된 인테리어. 아이가 잘 놀고 아이의 장난감으로 인해 인테리어 스타일이 흐트러지지 않게 하는 자유롭되 정리하기 수월한 방법을 찾아본다.

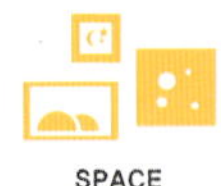

놀이 공간을 인테리어 해 본 적이 있었나?

넓은 마루, 깨끗한 탁자, 뛰어놀기 충분한 공간은 아이 방의 기본이다. 이런 요소 없이는 아이들이 편하게 놀기 어렵다. 큰 대(大) 자로 누워 쉴 수 있는 소파, 사무용 책상, 독서할 수 있는 안락의자가 놓여 있는 곳이 어른의 활동 영역인 것처럼 아이도 어른과 동등한 그들만의 공간이 필요하다. 아이가 게 단에 인형 옷을 벗겨 늘어놓은 것을 야단치면서 집 안 모든 곳을 놀이 공간

인테리어를 하기 전에 조금만 미리 생각한다면 베란다를 아이들의 멋진 놀이 공간으로 만들 수 있다. 만약 마룻바닥에 흠이 날까 염려된다면 베란다를 안전한 놀이 공간으로 계획한다. 석회석 같은 타일 바닥재는 장난감을 갖고 놀기에 완벽하다. 베란다 바닥에 난방 장치를 한다면 따뜻하고 편안한 놀이 공간을 마련할 수도 있다. 또 추위를 막기 위해서는 베란다 창은 이중창으로 만드는 것이 좋다. 이 비용을 아깝다고 생각하지 마라. 그리고 놀이 공간에 널찍한 슬라이딩 서랍장을 놓아 장난감 수납을 편리하게 해준다. 수납함은 깔끔하고 요란스럽지 않아야 한다.

으로 이용하게 하는 것은 옳지 않다. 놀이 공간의 크기는 중요하지 않다. 주방이나 거실에 가까운 곳이든 독립적인 놀이 방이든 중요한 것은 아이가 자기의 공간이라고 부를 수 있는 곳이 따로 있어야 한다. 장난감을 편하게 가지고 놀 수 있고, 정리도 쉬운 그런 자기만의 공간이 있다면 아이는 좀 더 즐겁게 놀고, 알아서 정리 정돈을 하게 될 것이다.

위치는 우리 집 상황에 맞게

최근 주방, 거실, 놀이 방을 하나로 통합해 넓은 거실을 만드는 집이 많아졌다. 단층으로 설계한 주택이나 아파트에서는 내벽을 철거하는 것만으로 개방된 넓은 공간을 만들 수 있다. 10년 전만 해도 옥탑방은 아이 없는 젊은 커플의 보금자리로 인기를 끌었다. 이런 옥탑방은 아이를 키우는 부모 입장에서는 아이를 위한 공간으로 활용하기에는 더할 나위 없이 좋은 공간이다. 옥탑방을 놀이 방으로 개조해 확 트인 넓은 방에서 아이가 세 발 자전거를 타기도 하고, 뜀박질을 하면서 맘껏 뛰어노는 장면은 생각하는 것만으로도 기쁨이다. 옥탑방을 아이 전용 공간으로 개조해 사용하는 집도 많아지고 있다니 생각해볼 일이기는 하다.

이 집은 옥탑방을 개조하여 아이 놀이 방을 마련했다. 실내를 공간 하나로 터서 시야에 공간 전체가 들어올 수 있도록 했다. 오렌지색과 흰색을 칠한 가벽으로 둘러싸인 미로는 아이들 눈높이에서 모든 것을 이해하려는 마음을 담은 디자인으로 아이들과 교감하고 소통할 수 있는 공간이 된다.

이 집은 넓은 바닥에 아이들 키 높이로 MDF 파티션을 세우고 페인트를 칠해 미로 소형물을 만들었나. 이것은 아이들이 좋은 감성을 키우는 데 도움이 된다. 미로 속에 장난감 가게와 인형의 집 같은 몇 개의 작은 공간들을 추가로 계획해 미로 조형물 안에서 충분히 놀게 한다. 이렇게 어떤 한 공간을 장난감 구역으로 지정하면 아이들은 그곳만 깨끗하게 정리하면 된다. 이 방법은 어른과 아이 모두를 만족시킨다.

아이와 어른이 함께 사용하는 거실을 놀이 방으로 활용하면 여러 가지 좋은 점이 많다. 부모가 요리를 하거나 텔레비전을 시청하면서 아이가 노는 상황을 지켜볼 수 있다. 만약 아이를 위해 이사를 계획한다면 오픈된 넓은 거실이 있는 집이 가장 이상적이다.

화장실 가까이에 놀이 방이 있다면 아이가 집 안에서 많이 움직이지 않아도 된다. 그리고 가능하다면 놀이 공간 가까이에 정원이나 옥상 테라스 같은 공간을 만드는 것도 좋은 방법이다. 이런 놀이 방은 매우 유용하다. 여름에는 마루 공간을 두 배로 확장한 것 같은 효과를 가질 것이고, 겨울에는 아이들이 좀 더 쉽게 실외 풍경을 즐길 수 있다.

어린 아이에게 가장 좋은 놀이 공간은?

만약 이사를 할 수 없다면 아이가 자유로울 수 있는 생활 공간을 만들어야 한다. 아이가 성장하면서 일어날 상황에 대비한 공간을 계획해야 한다. 이럴 때 당장은 큰 비용이 들어가더라도 인테리어 디자이너를 고용하면 여러 가지 묘안을 얻을 수 있다. 인테리어 디자이너는 공간을 최대한 활용하려 할 것이고, 그래서 생각지도 않았던 코너에 수납공간을 만들기도 한다. 반대로 예산이 부족하다면 방을 바꾸는 방법은 어떨까? 부엌 뒤 베란다를 놀이 방으로 바꿀 수도 있고, 별로 이용하지 않는 온실을 아이들의 공간으로 바꾸는 것도 좋은 대안이다.

그러나 놀이 방으로 쓸 수 있는 공간이 있더라도 아이가 너무 어리다면 부모의 생활 공간으로부터 동떨어진 곳은 좋지 않다. 요리하는 동안 옆방에서 무슨 일이 일어나는지 알기 위해 항상 귀를 쫑긋 열어 놓아야 하는 상황은 부모에게는 불안을, 아이에게는 위험을 야기할 수 있다. 또 아이와 따로 떨어져 있으면 아이가 심하게 흥분해 노는 것을 자제시키기 힘들고, 잘 놀고 있는 아이를 놀이를 중단시키고 식탁에 앉혀야 하는 달갑지 않은 상황을 겪을 수 있기 때문이다.

따라서 아이의 놀이 공간을 집 안의 중심에 두는 것이 가장 좋은 방법이다. 아이가 어느 정도 성장할 때까지는 집 안에서 안전하게 노는 것이 가장 중요하다.

가족의 동선과 얽히지 않는 곳은 있다

놀이 공간으로 선택한 곳은 아이가 뛰어다니기 충분하고, 장난감을 펼쳐놓고 자유롭게 놀 수 있어야 하므로 바닥이 충분해야 한다. 또 이 공간은 가족 구성원의 동선이 가급적 겹치지 않도록 해 아이의 놀이를 방해하지 않아야 한다. 물론 아이의 놀이 활동이 다른 가족의 활동을 방해하는 반대의 경우도 마찬가지다. 소파를 옮기면 아이가 놀 때 동선을 불편하게 하지는 않는지, 걸음마를 배우는 아이가 걸려 넘어지지는 않을지 잘 살펴야 한다.

만약 놀이 공간을 주방 가까이 마련하려고 한다면 안전을 최우선으로 해야 한다. 먼저 바닥에 어지럽게 뒹구는 전기선을 정리하고, 끝이 뾰족한 것은 모두 제거하고, 물건은 아이들 손이 닿지 않게 싱크대나 서랍장, 붙박이장에 넣고 잠금 장치를 단다. 전기 콘센트에는 반드시 안전 커버를 부착하고 항상 냄비 손잡이는 싱크대 안쪽으로 밀어넣는다.

넓은 거실에는 아이가 컴퓨터를 하거나 만들기 놀이 또는 숙제를 할 수 있는 책
상을 각각 나란히 놓아준다. 책상 위에 자기의 작품을 디스플레이할 수 있으니
인테리어 측면에서도 효과적이다. 이때 거실은 가족 공유 공간이므로 정리 정돈
이 될 수 있도록 수납장을 따로 마련해주는 것이 좋다.

STORAGE

아이가 잘 노는 집 인테리어 성공 포인트는 수납

아이와 거실을 공유할 때 가장 불편한 점은 밝은 색상의 플라스틱 장난감이 집 안을 차지한다는 것이다. 이런 아이의 물건이 엄마가 깔끔하게 꾸민 집 안의 멋진 인테리어를 망치는 것은 당연하다. 그러나 최소한의 정리 규칙만 지킨다면 스타일리시한 인테리어를 유지할 수 있다.

첫 번째 방법은 효과적인 수납함을 만들어주는 것이다. 그래야 저녁 시간에 장난감을 재빨리 그리고 손쉽게 정리할 수 있으며 부모의 수고도 덜 수 있다. 최선책은 바닥부터 천장까지 여닫이문이 달린 그리고 내부에는 앞뒤 폭이 넓은 선반이 있는 키 큰 붙박이장을 짜는 것이다. 붙박이장 아랫부분에는 아이 물건을 수납하고, 윗부분에는 일반적인 생활용품을 수납한다. 선반 폭이 넓으면 각종 인형들을 포개 넣을 수 있는 플라스틱 수납함을 적절하게 배치할 수 있다.

모든 놀이 공간에는 텔레비전을 보거나 책을 읽을 때 필요한 편한 의자가 있어야 한다. 이 방에는 벤치처럼 만든 긴 의자를 놓고 빨갛고 노란색의 산뜻한 색상의 쿠션을 놓아 한결 발랄한 느낌이 들도록 꾸몄다. 하부에는 서랍을 짜넣어 퍼즐 같은 작은 장난감을 수납할 수 있게 했다.

아이 놀이 방에 놓아두기 적당한 낮고 작은 탁자와 의자를 만들어보자. 나무로 만든 이런 탁자는 조용히 블록 놀이를 하거나 그림 그리기와 글쓰기 등을 위해 아이 방에 꼭 필요하다. 벽에 높낮이 조정이 되는 랙을 설치하면 아이 키에 맞춰 높이를 조절할 수 있다.

만약 방에 붙박이장을 만들 여유 공간이 없고, 오픈 선반만이 유일한 대안이라면 쌓아서 많은 양을 보관할 수 있고 고급스러워 보이는 컨테이너 박스에 투자를 하라. 깔끔한 플라스틱 상자와 라탄 바구니는 실용성과 스타일을 갖춘 좋은 아이템이다.

아이는 잘 놀고, 엄마는 편한 방법

두 번째 법칙은 귀중품이거나 깨지기 쉬운 물건은 아이 손이 닿지 않는 곳에 두어야 한다. 만약 럭셔리한 부부만의 안락한 공간이 있다면 그곳에 애장품을 전시하고 인테리어를 즐긴다. 아이에게 물건을 던지면 안 되고, 가구를 다루는 방법을 가르치는 것은 의외로 쉽다.

그러나 사고는 나기 마련이므로 돌발적인 사고에 대비해야 한다. 원목 식탁은 방수 원단으로 식탁보를 만들어 씌우고, 낡은 소파는 세탁 가능한 소파 커버를 따로 한 벌 장만한다. 그리고 한정 판매로 구매한 귀한 러그는 아껴두고, 대형 판매점에서 파는 저렴하고 심플한 면 러그로 교체한다. 비즈가 달린 쿠션, 벨벳으로 만든 담요 또는 '드라이클리닝' 표시가 된 패브릭 제품은 아이들 손에 망가지지 않도록 바꾸는 것이 좋다.

아이와 함께하는 공간을 만드는 것은 그 속에서 아이가 자유롭고 편하게 생활할 수 있는 환경을 만드는 것이라는 점을 명심하자. 그래야 가족 모두가 만족할 수 있는 공간이 만들어진다.

CIRCUS

Nic
Flinn
Daddy

아이가 노는 것을 항상 지켜볼 수 있으려면 놀이 공간을 어른들 공간 속에 적절히 배치한다. 이럴 때의 인테리어 포인트는 너무 아이 공간처럼 보이지 않게 꾸미고, 가능한 한 많은 공간에 아이들 놀이 공간을 확보해야 하므로 신중하게 생각해야 한다는 것. 예를 들면 장식용 또는 메모판으로 부착한 칠판의 반은 쇼핑 리스트나 전화 메시지를 메모하는 용도로 엄마가 사용한다던지 가죽 또는 비닐로 만들어진 빈백 의자를 놓아 아이와 부모가 함께 사용할 수도 있다. 천장에 매달려 있는 빨간색 어린이 그네 같은 장난감은 현대식 최신 의자보다 더 장식적인 효과가 크다.

거실 일부를 활용하는 요령

만약 2배로 넓어진 거실이 있는 집으로 이사를 한다면 놀이 공간과 가족 공간을 겸할 수 있는 공간을 계획해본다. 의외로 큰 즐거움을 얻을 수 있다. 현대적인 디자인이 가미된 아이 물건이 생각보다 많을 뿐 아니라 유행하는 인더스트리얼 스타일의 금속 제품이나 단단한 자작나무 합판으로 만든 가구도 많다(코팅이 되어서 표면이 단단하고 컬러가 다양한 라미네이트는 잘 닳지 않아 아이용 가구에 좋은 자재이다). 디자인이 깔끔하고 밝은 색상의 이런 어린이 가구들은 장난감과 조화를 잘 이뤄 틀에 박힌 듯한 느낌을 없애준다. 벽은 광택이 없는 흰색 페인트로 칠하면 깔끔해 가구와 아이 물건을 돋보이게 한다. 흠집이 나도 쉽게 보수할 수 있다. 닳아서 헤진 듯한 빈티지 가구 역시 감성적 매력을 높여준다.

생기 넘치는 라임색이나 눈부시게 밝은 푸른색으로 칠한 한쪽 벽은 놀랄 만큼 아름답다. 그 벽에 적절한 구성으로 아이의 그림을 액자에 넣어 전시한다면 특별한 장식 효과를 줄 수 있다.

사진 속의 두 집은 아이에게 넉넉한 놀이 공간을 만들어주기 위해 어른의 공간을 줄일 필요가 없다는 것을 잘 보여준다. 모던한 가구, 밝은 색의 현대식 소파를 놓은 거실에 동물의 얼룩무늬 커버를 씌운 바닥 쿠션을 한쪽에 놓아줌으로써 자연스럽게 공간을 나누고 각각의 공간을 용도에 맞게 서로 방해하지 않고 사용할 수 있게 했다.

놀이 공간에 놓을 수 있는 가구

플라스틱 의자는 닦기 쉽고, 화려한 오렌지색과 라임색 등 색상이 다양해 공간을 경쾌한 느낌으로 연출한다. 만약 탁자를 밥을 먹고, 그림을 그리는 두 가지 용도로 사용한다면 탁자 상판은 깨끗하게 유지할 수 있는 합판 위에 코팅이 된 LPM이나 인조대리석 상판이 알맞다. 만약 공간을 넓게 쓰기 위해 탁자를 한쪽으로 밀어두는 스타일이라면 탁자에 바퀴를 부착한다. 그러면 쓰기도 편하고, 더 멋지게 보인다.

조명이나 비디오 플레이어 등 가전 제품을 수납할 때는 오픈된 선반보다는

거실을 놀이 공간으로 확장하게 되면 많은 수납함이 필요하다. 복고풍의 사이드 보드(부엌에서 상에 내갈 음식을 얹어 두는 작은 탁자로 서랍이 달려 있어 그 안에 나이프, 포크 등을 보관할 수 있는 수납장을 말함)와 1970년대에 유행했던 쌓아두는 정리함에 장난감을 수납하였다.

거실을 아이의 놀이 공간과 겸하고 있는 이 집은 물빨래가 가능하고 얼룩이 생기지 않는 기능성을 가진 천으로 소파 커버를 만들어 실용적으로 꾸몄다. 놀이 공간과 거실을 겸한 이런 집은 아이로 하여금 어떤 물건은 만질 수 있고 어떤 물건은 만지면 안 되는지 어릴 때부터 자연스럽게 학습하게 한다.

기다란 캐비닛을 선택한다. 캐비닛 위에 스탠드 조명을 올리면 전선을 가구 뒤로 감출 수 있어 깔끔하게 정리할 수 있다. 분홍색으로 파우더 코팅된 스틸 가구를 가지고 있다면 멋진 디자인 사무실처럼 보일 수도 있다.

안전하고 분위기 연출이 수월한 데코 팁

여러 가능성을 생각해서 가구를 고르는 것처럼 놀이 방에 놓을 소파나 의자의 패브릭도 상상력을 발휘해보자. 만약 무늬 없는 몇 가지 컬러의 패브릭을 갖고 있다면 몬드리안 스타일로 패치워크하면 신선한 조합을 만들 수 있다. 이것으로 의자, 시트, 쿠션 등을 커버링하면 놀라울 정도로 추상적인 멋진 작품으로 연출할 수 있다.

무늬가 있는 패브릭은 지저분한 손자국을 숨기기에 좋다. 터무니없고 조금은 엉뚱한 무늬의 패브릭을 씌워 만든 가구는 어른과 아이들 모두 만족할 수 있는 독특한 아이템이다. 거대한 양배추 같은 큰 장미무늬나 바닷가 풍경을 실사 출력한 원단으로 커버링한 소파를 놓으라고 하면 농담이라고 할지도 모른다. 어느 정도는 우습게 보일 수도 있지만 실제로 사용해보면 개성 넘치는 독특한 분위기를 만들 수 있다. 마찬가지로 남자아이들이 좋아하는 '토마스'나 '뽀로로', '미키마우스'가 프린트된 패브릭으로 커버를 만든 회전의자는 파격적으로 보일 수도 있지만, 모던 아트의 벽을 허물 수 있는 작품으로 여겨질 수도 있으니 조금은 파격적인 시도를 해보기를 제안한다.

놀이 공간 꾸밀 때 꼭 염두에 둘 것

모든 놀이 방에는 책을 보거나 혹은 음악 감상을 위한 편한 공간이 필요하다. 작은 소파를 놓을 수 있다면 낮잠을 자거나 잠깐 독서를 할 때 매우 요긴하다. 공간이 부족하다면 빈백 의자가 그 역할을 대신할 수 있다. 보통 거실은 바닥이 단단한 나무 바닥재이거나 타일이라서 놀이 공간으로 사용하려면 러그 또는 털이 있는 부드러운 카펫을 까는 것이 좋다. 앉기도 편하고, 아이가 기어 다니기에도 좋다.

텔레비전은 벽걸이로 설치하거나 수납장 안에 넣을 수 있게 하고, 비디오 플레이어는 아이들 손이 닿는 곳에 둔다. 왜냐하면 어린아이라도 자기가 좋아하는 비디오를 스스로 조작해서 볼 수 있기 때문이다. 그리고 주변에 CD와 DVD를 보관할 수 있는 플라스틱 상자를 두거나 맞춤형 선반을 달아 수납한다.

마지막으로 거실 공간이 충분하다면 아이의 상상력을 자극하는 몇 가지 별난 아이템을 더할 수 있다. 천장에 매다는 그네, 인디언 텐트, 영구적으로 사용할 수 있게 제작한 플레이 하우스 등을 들여놓으면 아이들이 매우 좋아한다.

긴 안락 소파는 온 가족이 앉기에도 충분하다. 이 소파는 거실 중심에 멋지게 자리 잡고 있다. 음식 자국이나 얼룩이 잘 드러나지 않는 강한 색상의 패브릭을 기하학적인 패턴으로 패치워크해 만든 실용적인 소파 커버 덕분에 밋밋한 소파가 멋진 가구로 재탄생했다.

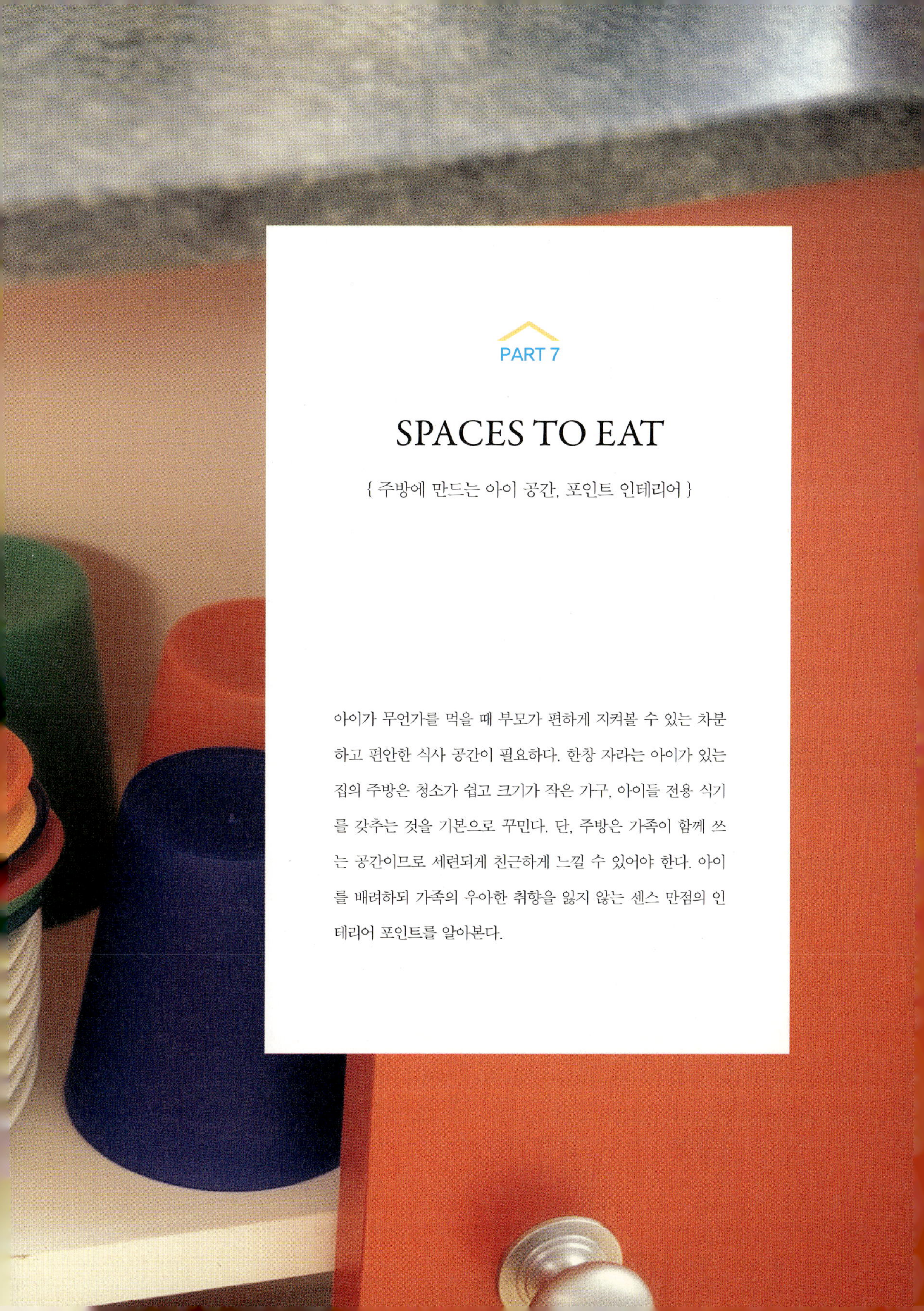

SPACES TO EAT

{ 주방에 만드는 아이 공간, 포인트 인테리어 }

아이가 무언가를 먹을 때 부모가 편하게 지켜볼 수 있는 차분하고 편안한 식사 공간이 필요하다. 한창 자라는 아이가 있는 집의 주방은 청소가 쉽고 크기가 작은 가구, 아이들 전용 식기를 갖추는 것을 기본으로 꾸민다. 단, 주방은 가족이 함께 쓰는 공간이므로 세련되게 친근하게 느낄 수 있어야 한다. 아이를 배려하되 가족의 우아한 취향을 잃지 않는 센스 만점의 인테리어 포인트를 알아본다.

육아를 돕는 주방 인테리어 매뉴얼

주방에 실용적이면서도 멋진 가구와 식기가 갖춰져 있다면 밥 먹을 때나 정리할 때 한결 수월하다. 아기는 유아용 의자에 앉아 밥을 받아먹는 시기를 지나고 나서야 부모와 함께 식탁에 앉게 된다. 그러면 아이가 식탁에 앉아 조용히 밥을 먹고, 식사 예절을 지키도록 가르치는 과정이 주방에서 이루어진다. 이때 아이에게 편안한 가구, 재미있는 식기, 아이의 움직임을 지켜보기 좋은 위치 등의 인테리어 요소는 아이와의 식사 시간을 부산하지 않으면서 능률적으로 진행할 수 있게 돕는다. 그래서 아이를 키우는 집에서 주방 가구를 준비할 때는 보기 좋은 것보다 기능성을 선택하며, 효율이 높은 제품을 선택하여 최소한으로 구성하고 배치하는 방법을 따르는 것이 좋다.

아이들이 흥미로워하는 주방을 계획한다면 아이를 배려하는 주방 인테리어 노하우를 참고한다. 예를 들면 아이에게 필요한 물건이나 간식을 넣어두는 수납장은 긴 막대기형 손잡이를 달아 아이들이 잡기에 편하게 하고, 아이용 접시와 컵은 아일랜드 식탁 아래쪽 서랍에 넣어 꺼내기 편리하게 한다. 아일랜드 식탁은 아이들과 함께 요리도 해서 먹고, 그림도 그릴 수 있고, 수납공간을 확보할 수 있는 실속 아이템이다. 서랍장에 냅킨, 빨대, 식탁 매트를 넣어두면 사용하기 편리하다.

아이를 위해 더 신경 써야 할 가구

아이는 편안하게 먹을 수 있는 자기만의 매력적인 의자가 있다면 주방에서 부산하게 뛰어다니지 않는다. 다루기 힘든 아이도 기분을 차분하게 가라앉힐 수 있다. 아이가 어릴수록 식탁은 주방 안에 있어야 한다. 그러면 엄마가 음식을 준비하거나 주방을 정리하면서 아이를 지켜볼 수 있다. 식사 중에 음식이 목에 걸렸을 때 즉각적으로 조치할 수 있으며, 음식물이나 음료로 인해 옷이나 바닥이 더럽혀질 때도 바로 닦아낼 수 있다. 이렇게 하려면 물수건이나 마른 걸레 등을 보관하는 수납장은 손이 닿는 가까운 거리에 배치해야 하며, 바닥은 청소가 쉬운 재질의 바닥재를 선택한다.

유아용 의자와 식기로 인해 현대적으로 꾸민 주방 스타일이 망가질 거라는 생각은 하지 않아도 된다. 매력적인 가구와 멋진 조리 도구가 놓인다면 걱정할 필요 없다. 컬러풀한 식탁 의자, 라임색의 토스터, 그리고 아이의 분홍색 플라스틱 컵은 부엌에 생기를 불러일으켜 오히려 활기를 불어넣는다.

주방에 꼭 필요한 가구, 이유식 의자

일반적인 의자는 기능적이기는 하지만 눈에 띌 정도로 예쁘지는 않다. 값이 좀 비싸더라도 목재를 휘어 심플하게 만든 스칸디나비안 스타일의 의자나 광택이 있는 철재로 만든 매력적인 의자를 찾아보자. 아니면 중고 유아용 의자를 사서 대담한 색상으로 페인트칠을 하거나 복고풍 무늬가 프린트된 방수 원단으로 시트를 갈아 사용하는 것도 좋은 방법이다. 아이가 어려 아직 혼자 의자에 앉히기가 조심스러울 때는 안전띠를 새로 만들어 달아준다. 식탁에서 밥을 함께 먹을 수 있을 정도로 아이가 자랐다면 식탁에 직접 고정하는 튼튼한 캔버스 천으로 만든 보조 시트를 추천한다. 왜냐하면 부모 바로 옆에 의자를 붙일 수 있기 때문에 엄마가 옆에서 보살피기에 적당하다. 어린이용으로 변형할 수 있는 이유식 의자도 생각해볼 수 있다. 크롬 금속과 너도밤나무로 만든 이유식 의자라면 충분히 가능하다. 이유식을 먹는 단계에서는 부착형 식판과 안전 가드를 사용하다가 아이가 성장하면 이를 떼어서 발판으로 사용할 수 있다. 이런 의자는 디자인을 응용하면 좀 더 성장한 아이의 의자로 사용할 수도 있다.

주방에 준비해두면 좋은 가구

아이가 밥을 먹고 그림을 그리거나 무엇을 만들 수 있는 미니 탁자와 의자 세트를 따로 준비하는 것은 즐거운 일이다. 그러나 엄마가 아이들이 식사하는 동안 곁에서 보살피는 것을 더 좋아한다면 굳이 별도의 탁자를 두지 않아도 된다. 이럴 때는 아일랜드 식탁을 사용하거나 탁자 상판을 아일랜드 테

복고풍 유아용 의자는 단연코 가장 감각 있는 멋진 의자이다. 오래된 목재로 만들어진 하이 체어를 구입하려면 앤티크 가게를 샅샅이 찾아다니는 발품을 팔아야 하지만 의자만으로 공간에 멋스러움을 연출할 수 있다. 생동감이 살아나도록 반짝이는 페인트를 칠하고 새 트레이를 달아서 세상에 하나밖에 없는 의자를 만들었다. 이렇게 가지고 있는 식탁에 어울리는 스타일의 의자를 고르고, 다른 의자와 조화롭게 배치해 자연스러움이 느껴지도록 연출한다.

아이가 밥을 먹거나 그림을 그리고 색칠할 수 있는 미니 탁자와 의자를 준비하는 것은 즐거운 일이다.
아르네 야콥센의 고전적인 '안트 의자(ant chair, 등판과 좌판이 하나의 합판으로 이어져 있는 의자)' 같은 스
타일의 작은 의자는 충분히 멋진 스타일을 연출한다.

공장에서 대량 생산한 화려한 색상의 어린이용 플라스틱 탁자와 의자는 감각적이고 아이들이 사용하기에
편리하지만 싫증이 빨리 난다. 오래 두고 쓸 수 있는 멋진 스타일의 가구를 원한다면 너도밤나무로 만든
모던해 보이면서 클래식한 스타일의 의자를 선택하는 것도 좋다.

이블 끝에 붙이는 것도 좋은 해결 방안이다.

최근에는 어린이용으로 나온 작은 크기의 탁자와 디자인 의자를 들여놓는 집이 많다. 어린이용으로 나온 아르네 야콥센의 '안트 의자', 통나무 그대로를 살린 두툼한 나무 스툴, 디자인이 멋진 나무 의자, 내추럴한 흰색 스웨덴식 식탁과 의자 등 주방을 돋보이게 하는 어린이 가구를 쉽게 찾을 수 있다.

아이가 식탁에서 밥을 먹기 시작했다면

머지않아 아이에게 이유식 식탁에서 내려와 가족 식탁에 앉아보라고 용기를 북돋아줘야 할 것이다. 이는 아이가 주변 사람과 잘 어울릴 수 있도록 돕는 방법이기도 하다. 이때 식탁이 비싸고 좋은 것이라면 비닐 소재로 된 식탁보를 깔거나 식탁 의자에 천을 씌우는 것이 좋다. 비용이 많이 들 것으로 생각할 수도 있지만, 금방 더러워지는 아이의 손 때문에 가구가 망가지는 것을 피하는 안전한 방법이다. 커버를 제작할 때는 여유 있게 몇 벌 더 만드는 것이 좋다.

아이를 식탁에 앉혀 가족과 함께 밥을 먹일 것인지 아니면 아기 전용 식탁에서 밥을 먹일 것인지 미리 선택하는 것이 좋다. 큰 가족 식탁을 선택한다면 엎지르기가 다반사인 경우를 대비해 물 같은 것에도 강한 자재의 가구를 골라야 한다. 아연, 스테인리스 스틸, 대리석, 타일, 라미네이트 합판 같은 자재는 스크래치에 강한 좋은 상판이다. 아이가 성장하면 유아용 의자 대신 디자인이 돋보이는 의자를 장만해 놓아주면 더 멋지게 사용할 수 있다. 가족을 위해 재미있는 색을 칠할 수 있거나 세탁 가능한 방석이 있는 편한 의자도 좋다. 톡톡 튀는 컬러와 디자인이 재미있는 주방 스타일을 연출한다.

아이에 맞는 가구를 선택하는 방법

가족 식탁에 놓을 아이의 의자로는 단단한 플라스틱이나 금속 또는 나무로 된 제품이 좋다. 아이들은 많이 움직이기 때문에 가벼운 플라스틱이나 알루미늄 의자가 사용하기 편하다. 그러나 아이에게 편안한 스타일을 고르는 것도 중요하지만 세련된 디자인을 고르는 것도 염두에 두어야 한다.

나무 패널을 연결해서 만든 의자는 아이가 의자를 끌어당기다 틈에 손가락이 낄 수도 있다. 그래서 의자 바닥은 홈 없이 하나의 판재로 된 벤치가 더 좋다. 벤치는 나중에 방으로 옮겨 친구를 위한 공간으로 사용할 수도 있다. 벤치 위에 긴 방석을 얹으면 더 유용하게 사용할 수 있다. 마지막으로 아이가 좀 더 자라 균형을 잘 유지하게 되었다면 높은 스툴도 좋다.

아이 가구를 구매할 때는 아이와 함께 쇼핑을 하면서 우리 집에 어울리는 가구일지, 어디에 배치하면 좋을지 상의하면서 아이에게 창의적 경험을 할 수 있는 기회를 준다. 결과적으로 가족 모두에게 좋은 식탁을 찾을 수 있을 것이다.

어른과 함께 사용하는 식탁에 아이용 의자는 포인트 가구가 될 수 있다. 사진처럼 어른 가구와 비슷한 것을 굳이 찾기보다는 의자만으로 하나의 오브제가 되는 디자인이 돋보이는 의자를 고르는 것도 괜찮다.

DECORATING

고정관념에 갇히면 아이 그릇은 그게 그거

그릇이나 컵 등 주방에서 사용하게 될 아이 물건은 어떤 종류라도 아이에게 맞는 작은 크기라면 아이는 즐거워하고, 자기가 좋아하는 색상을 선택할 수 있으면 더 좋아한다.

아이가 좋아하는 그릇과 컵이 모두 플라스틱이어야 하는 것은 아니다. 듀라렉스 유리컵은 잘 깨지지 않고 작은 크기도 있어서 아이들이 사용하기 좋은 제품이다. 식사용 그릇은 단단하면 된다. 그리고 전통적인 법랑 접시와 법랑 컵 또한 변치 않고 오래 사용할 수 있다. 요즘에는 크기가 작고 손잡이가 가벼운 숟가락과 포크, 젓가락이 다양하게 생산되어 아이의 취향을 살려 주방을 꾸밀 수 있다.

분필로 그림을 그리는 슬레이트 석판을 식탁 매트로 사용하거나, 좋아하는 사진을 프린트해 매트로 만들어주는 전문 가게들도 있다. 이런 것이 번거롭

다면 관리가 쉬운 재질로 만든 식탁 매트나 재미있는 그림이 그려진 냅킨을 구입해서 사용하는 것도 괜찮다.

식사 예절을 길러주는 똑똑한 수납법

어린아이를 식탁에 앉히는 연습을 했던 것처럼 아이 스스로 식사 준비를 도울 수 있는 환경을 만드는 것도 중요한 일이다. 그릇이나 수저, 컵 등을 낮은 싱크대 서랍에 두면 조금 자란 아이는 간단한 간식 정도는 스스로 해결할 수 있다. 그리고 부엌 한쪽에 튼튼하고 둥근 의자를 준비해 아이가 냉장고 위쪽에 있는 물이나 음료를 꺼내고, 냉장고를 쉽게 여닫을 수 있도록 한다.

물론 부모가 직접 아이를 위해 먹을 것과 마실 것을 준비하는 것이 쉽지만, 이런 연습을 통해서 아이도 조만간 가족과 어울려 식사를 여유롭게 할 수 있을 것이다.

아이가 쓸 그릇이나 수저 등의 기타 물건은 부모가 사용하는 주방 용품의 연장선에서 생각하는 것이 가장 좋다. 그래야 식탁과도 조화롭게 어울린다. 다채로운 색상의 텀블러, 핸드페인팅한 그릇, 그리고 우유나 커피 한 잔에 딱 맞는 세라믹 머그잔 등 어른 아이 구분 없이 모두 함께 사용할 수 있는 편안한 식기를 찾아보자. 최신 유행하는 다채로운 색상의 식기를 구입하는 것도 좋은 방법이다. 아이들은 자기만의 컵과 접시를 만들어주는 것을 매우 좋아하고 선명한 색상의 접시와 볼로 이루어진 피크닉 세트도 좋아한다. 피크닉 세트는 컬러풀해서 매일 사용해도 아이들이 좋아하고 나들이용으로 사용할 수도 있는 좋은 아이템이다.

SPACES FOR STORAGE

{ 정리 정돈 습관 길러주는 키즈 수납 인테리어 }

아이는 어마어마하게 많은 양의 생활용품과 장난감, 집 안을 어수선하게 만드는 온갖 잡동사니를 갖고 있다. 가족 모두가 함께 행복하고 쾌적하게 지낼 수 있는 집이 되려면 아이의 모든 물건을 각각 수납할 수 있는 효과적인 방법을 계획해야 한다. 똑똑한 수납 계획은 정리 정돈을 잘하고, 자기 방을 깨끗하게 가꾸는 감각 있는 아이로 자라게 한다.

STORAGE

수납 계획은 백 퍼센트 엄마 몫

아이를 키우다보면 많은 물건이 끊임없이 필요하다는 것을 알게 된다. 아이가 태어나고 한두 해는 규칙적인 정리만으로도 수납이 가능하다. 그러나 아이가 자라면서 점점 늘어나는, 심지어 열 배 이상 늘어나는 아이 물건을 보면 똑똑한 수납 작업이 절실해진다. 아기 그네, 놀이용 의자, 타고 노는 장난감 자동차, 인형들 그리고 직접 만든 아기 장난감, 악기 등 아기 물건은 계속해서 마치 거대한 함대처럼 나타난다. 그래서 수납은 일찍부터 계획해야 한

집을 새로 짓는다면 현관을 이 집처럼 설계해보자. 한쪽 벽면을 따라 긴 복도를 만들고 수납장을 사진처럼 바닥에 띄워서 설치한다. 벽면과 수납장 이렇게 배치하면 수납장 아래의 빈 공간을 활용해 자전거, 스포츠 장비 등의 야외 용품과 신발 등을 넉넉하게 수납할 수 있다. 좁은 현관이라도 아이에게 맞는 의자나 벤치를 놓아 아이 스스로 자신의 신발을 신고 벗을 수 있게 한다.

다. 상투적인 말 같지만 아이를 키우는 집에서 '모든 것이 제자리에 딱딱 놓여 있는' 같은 깔끔한 상상은 허락되지 않는다. 수납의 궁극적인 목적은 모든 물건이 제자리에 놓일 수 있는 공간을 마련하는 데 있다.

영리한 영국 엄마처럼 현관 활용하기

아이는 침실과 놀이 방에만 수납이 필요한 게 아니다. 아이 물건은 현관처럼 복잡한 공간에 더 많이 생기게 된다. 모자, 긴 우산, 장화 그리고 장난감 자동차는 어디에 놓아둬야 할까? 발레복, 수영 가방, 축구공, 그리고 야구 방망이 같은 스포츠 용품은 어떻게 할까? 더 자란 아이는 더 큰 스포츠 장비를 갖게 된다. 자전거는? 텐트나 침낭 그리고 야외 놀이 용품은? 이 모든 물건을 따로 수납할 보관실을 준비하는 것이 좋다.

현관에 붙박이장을 길게 짜 넣으면 잡다한 물건을 보관하는데 큰 도움이 된다. 수납장을 바닥에 세우지 말고 벽걸이형으로 바닥에서 띄우면 아래쪽으로 생긴 빈 공간에 신발을 보관할 수도 있다. 어린아이를 위해서는 고리를 키에 맞게 설치해주면 소꿉놀이나 모래놀이 장비 같은 야외 용품을 걸 수 있어 정리가 쉽고, 아이는 자기의 물건을 한눈에 볼 수 있다.

신발, 모자, 스카프, 글러브 등은 큰 바구니 또는 함석 바구니에 보관한다. 아이가 신발을 신거나 외투를 걸 수 있도록 낮은 벤치를 두는 것도 좋다. 벤치가 수납이 가능한 뚜껑이 열리는 것이라면 더 좋다. 복도의 천장고가 높으면 자전거는 거치대를 설치해서 벽에 걸어보자. 아니면 마당에 두거나 집 앞

차고에 따로 보관 창고를 만드는 것도 좋은 방법이다. 그렇게 모두 제자리에 정리를 한다면 조금 더 정리된 깔끔한 공간이 될 것이다.

수납 바구니를 놓아야 할 자리

수납 형태는 붙박이장일 수도 있고, 선반이나 벽장일 수도 있다. 아이는 아침에 일어나면 모든 일상 용품들이 다시 필요하다. 자주 사용하는 물건은 아이 방에 있는 것이 제일 좋다. 아이 물건은 예쁘게 걸어두더라도 가족이 함께 사용하는 거실이라면 지저분해 보이기 마련이므로 아이 방에는 라탄 바구니가 들어가는 수납장이 있으면 유용하다. 바구니에 많은 것을 집어넣을 수 있고, 이름표를 붙여두면 물건을 찾기도 쉽다.

다용도실에 있는 붙박이장에는 야외에서 갖고 노는 용품들을 보관한다. 다용도실 문 뒤쪽에 오픈 선반을 달면 자주 신지 않는 신발을 수납할 수 있다.

맞춤형 가구는 생각 없이 아무렇게나 만들면 금방 후회하기 마련. 기저귀를 갈아주거나 옷을 입혀주는 것과 같은 간단한 일상 활동을 고려해서 만들어야 한다. 디테일한 구획 나눔은 좋은 정리를 위한 핵심이다. 우선 정리해야 하는 물건은 목록을 작성하고 면봉부터 아기 속옷까지 구획을 잘 나눠 수납장에 각각 넣을 자리를 정한다. 한눈에 보이는 유리로 된 수납장에 상자를 나란히 놓거나 선반 위에 라탄 바구니를 줄을 맞춰 놓는 형태로 정리한다. 서랍장에는 각각 라벨을 붙여 장식적인 효과도 겸한다. 직접 주문 제작한 가구일 경우 구획을 나눈 것이 충분하지 않다면 MDF 분리대를 추가할 수 있다.

T-SHIRTS
VESTS
SOCKS

pyjamas

자투리 공간에 수납하는 법

주방, 거실, 놀이 방이 하나로 이어졌다면 부모와 아이 모두가 매일 쓰는 물건을 수납할 충분한 공간이 있어야 한다. 수납공간이 충분해야 쉽게 정리 정돈할 수 있다. 달력이나 일정표는 대형 메모판을 준비해 붙여둬야 쉽게 알아볼 수 있지만, 세련된 주방에 메모판이 지저분하게 나와 있는 게 싫다면 싱크대 문 안쪽을 활용하는 것도 좋은 방법이다.

주방을 놀이 방처럼 사용하는 집이라면 머리핀, 빗, 안내문, 미술 용품, 점토 놀이 도구 등을 쉽게 찾을 수 있도록 주방 싱크대 또는 서랍 하나에 깔끔하게 정리한다. 아이의 잡동사니 때문에 주방이 어질러지는 것을 정리할 생각이라면 중앙 아일랜드 식탁에 아이 물건만 따로 넣어두는 서랍을 정해주는 것은 매우 현명한 방법이다.

붙박이장, 실용적일 것 그리고 근사할 것

붙박이장을 이용한 수납은 실용적일 뿐만 아니라 보기에도 근사해야 한다. 붙박이장은 나중에 추가하기 힘들기 때문에 처음 인테리어 계획을 할 때 절대적으로 필요한 아이템이라는 것을 염두에 두고 디자인한다. 현재 아이가 한 명이더라도 두 배의 수납 계획을 한다. 아이가 성장하면서 언젠가는 필요하기 때문에 결국은 유용하게 쓰인다.

수납에 있어서 가장 좋은 방법은 깔끔하게 보여야 한다는 것. 수납장에 잘 어울리는 문을 다는 것도 중요하다. 래핑도어부터 불투명 유리, 아연 금속,

장난감을 수납할 수 있는 붙박이장에 문이 달려 있다면 더 편히 쉴 수
있는 침실이 된다. 또한 깔끔하게 정리되어 공간이 넓어 보이기도 한
다. 나무로 만든 이런 수납장은 아이들 공간뿐 아니라 집 안 곳곳에
준비하는 것이 좋다. 이 집은 플렉시 글라스(렉산)로 천창을 만들어
채광 효율을 높였다.

투명 아크릴 또는 페인트를 칠할 수 있는 MDF 나무 소재 등 다양한 자재를 고려할 수 있다. 수납장의 문 디자인은 붙박이장 전체를 가려주는 넓은 슬라이딩 도어 또는 접이식 폴딩 도어, 좁은 여닫이문 등 설치 여건과 용도에 맞게 계획한다.

가급적 피했으면 하는 오픈 수납장

처음 정리했을 때만 좋아보일 뿐 장난감, 책 등의 물건으로 가득 차면 깔끔함은 어느 순간 사라지기 때문에 오픈 수납장은 피한다. 책장에 책을 너무 빡빡하게 꽂아두면 꺼내 읽기 힘든 것처럼 수납 계획을 세울 때는 모든 공간에 조금의 여유를 두는 것이 좋다.

바닥에 놓는 서랍은 장난감을 위한 훌륭한 수납공간이고, 벽면에 우묵하게 들어가게 만든 벽장은 책 선반으로 아주 좋다. 스포츠 라커 같은 분위기를 풍기는 독립적인 가구를 놓아둘 자리도 필요하다. 오래된 캐비닛은 수납뿐 아니라 아이 방을 재미있고 독특하게 만들어준다.

크고 깊은 서랍은 장난감 보관은 물론 꺼내고 넣기에도 매우 편리하다. MDF로 만든 서랍은 앞면에 무늬를 내 오려내거나 금속 장식 또는 페인팅한 나무 리본 장식을 붙이는 등의 디자인을 생각해 볼 수 있다.

정리를 가르치기 전에 엄마가 먼저 해야 할 일

아이를 위한 수납공간은 간편하게 만들어야 한다. 긴 바 형태나 둥근 'D'자 모양으로 만든 손잡이, 안으로 오목하게 들어간 손잡이 등 아이들 손으로 잡기에 편해야 한다.

빈 벽을 장식하기에도 좋은 폭이 좁은 선반도 잊지 말고 달아보자. 선반 위에 종이, 펜, 가위 그리고 풀 같은 자잘한 문구류를 담은 작은 플라스틱 용기나 사이잘 바구니 또는 빈티지 스타일의 양철통을 나란히 세워두면 수납과 장식이 동시에 해결된다.

서랍장 내부는 판매하는 플라스틱 칸막이를 구매해서 칸을 나누면 정리가 한결 쉬워진다. 또는 MDF로 만든 분리대를 서랍 안에 끼워서 구획을 나눌 수도 있다. 수납 상자에는 물건에 대한 정보를 라벨에 적어 붙여준다. 아이가 아직 글을 읽지 못한다면 폴라로이드 사진을 찍어서 붙여도 좋다. 또는 빨강은 책, 파랑은 자동차 이런 식으로 색 스티커를 붙여 구분하는 방법도 있다. 그리고 아이에게 모든 놀이 활동이 끝나면 다른 게임을 시작하기 전에 먼저 정리를 해야 한다는 것을 가르치자.

장난감을 보관하려면 대형 붙박이장과 다양한 선반은 반드시 필요하다. 그리고 개별적으로 분류해 보관할 수 있는 상자가 많이 필요하다. 준비한 여러 개의 상자를 펜, 플라스틱 동물, 놀이용 블록, 책, 장난감 차 등의 집이라고 아이에게 설명해주면 아이 스스로 장난감을 정리하는데 큰 도움이 된다. 보관 용기는 함석통이나 촘촘하게 엮어서 만든 사이잘 바구니 정도면 무난하다. 아이의 자잘한 물건은 한눈에 모두 보이게 정리하는 것이 최고의 수납법이다. 그래서 일반적으로 라탄 바구니, 그물망처럼 만든 속이 보이는 철제 바구니, 투명한 플라스틱 용기, 뚜껑을 돌려 닫게 되어 있는 유리병 등을 선택한다. 마지막으로 상자에 든 물건에 대한 정보를 적어 라벨을 붙이면 부모와 아이 모두 어디에 무엇이 있는지 쉽게 알 수 있다.

~crafted by hand~
© Lights, Camera, Interaction!

OUTDOOR SPACES

{ 남들이 부러워하는 영리한 엄마의 센스 인테리어 }

아이들은 마음껏 뛰어놀 수 있는 야외 놀이 공간을 매우 좋아한다. 아이에게 몰래 숨어들 수 있는 비밀 장소를 만들어주면 몇 시간 동안 부모의 보살핌 없이도 자기의 세계에 빠져 신나게 놀지도 모른다. 모든 야외 놀이 공간은 아이들이 스트레스를 풀기에 가장 좋은 곳이다. 도심의 작은 공원이든 주택의 커다란 잔디밭이든 어떤 공간이라도 상관없다. 아이를 위한 공간을 구상할 때는 이런 특별한 공간을 염두에 두자.

어떤 형태로든 만들어줘 보자

아이 방 인테리어의 목표는 아이를 공간에서 자유롭게 놀게 하는 것에 있다. 아이는 강아지 목줄을 풀고 함께 뛰어놀 수 있다면 매우 즐거워 한다. 옷을 단단히 챙겨 입힌다면 추위도 잊고 신나게 놀 것이고, 잔디가 젖어 있는 것조차 눈치채지 못한다. 여름에는 어둑해질 때까지 신나게 뛰논다. 아이들은 시간, 장소가 허락되는 한 오랜 시간을 야외에서 놀려 한다. 아이들에게 야외 놀이 공간만큼 매력적인 곳은 없다. 그러니 어떤 형태로든 야외에서 놀 수

온실을 겸하는 놀이 방은 두 가지 장점이 있다. 놀이 방은 햇살이 따사로운 날에는 문을 활짝 열어두면 최대한 많은 자연 채광의 혜택을 얻을 수 있다. 겨울에는 채광은 물론 햇빛 덕분에 방한도 되어 일석이조인 셈이다. 놀이 방에 놓는 가구들은 사계절 날씨를 견딜 수 있을 만큼 튼튼해야 한다. 밤새 문 밖에 놓여 있어도 문제가 생기지 않는 자재로 만든 의자, 야외 놀이 용품들을 보관할 수 있는 충분한 공간과 수납함, 눈부심을 막아주고 여름에는 햇빛을 막아 시원하게 해주는 블라인드 등이 필요하다.

FAIRY
DUST

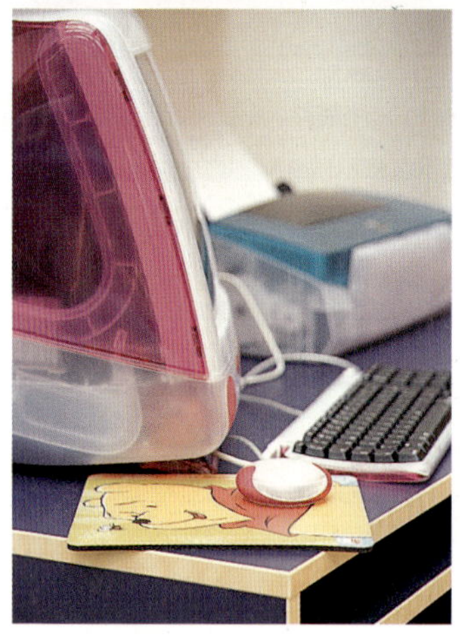

있는 공간을 마련해주는 것이 좋다. 누구나 넓은 잔디밭이 있는 집에서 사는 것은 아니니 작은 뒷마당도 좋고, 작은 테라스도 괜찮다. 크기와는 상관없이 오롯이 자기만을 위해 내어진 공간만 있다면 아이는 창의적인 놀이를 시작하기 때문이다.

우리 집에도 숨어 있는 여유 공간이 있다

야외 놀이 공간에 대한 바람은 인테리어 디자이너의 아이디어로 실현되기도 한다. 작은 텃밭을 놀이 공간으로 활용할 수도 있고, 베란다에 놀이 공간을 만들어 실내로 자연스럽게 연결되게 만들 수도 있다. 즉, 놀이 공간에서 문만 열면 바로 마당으로 나갈 수 있는 구조를 계획한다면 아이는 자유롭게 이곳저곳에서 놀 수 있고, 어른은 아이들이 신 나게 뛰노는 모습을 거실에서 편하게 지켜볼 수 있다.

집에 구조적으로 이런 놀이 공간을 만들 수 없다면 집에서 밖으로 나가는 출구 쪽의 공간을 개조하는 것도 생각해 볼 수 있다. 가장 이상적인 것은 아이가 혼자 집 안팎을 드나들 수 있어야 한다. 이때는 아이들 스스로 문을 여닫을 수 있게 슬라이딩 도어를 고려한다. 만약 외부로 나가는 출구가 거실을

놀이 집에 창문과 문이 있다면 숨바꼭질 같은 상상력이 발휘되는 다양한 놀이를 할 수 있다. 이 집은 놀이 방에 간식 시간을 위한 의자와 탁자를 놓고, 놀이를 하고 나서 장난감을 정리할 수 있는 함석통과 라탄 바구니를 준비해주었다.

지나가야 한다면, 다용도실이나 주방 베란다 쪽으로 새로운 문을 만드는 것도 괜찮다.

설계 조건, 엄마는 안전 그리고 아이는 자유

야외에 놀이 공간을 만들 때 가장 중요한 인테리어 포인트는 스스로 놀이를 할 수 있는 공간으로 만들어야 한다는 것이다. 아이에게 있어 부모가 지켜보는 가운데 인디언 놀이를 하는 것은 재미가 없다. 물론 아주 어린아이라면 보호가 필요하다. 아이를 밖으로 내보내기 전, 먼저 공간의 안전을 반드시 확인한다. 집 밖으로 나가는 문은 반드시 열쇠로 잠그고, 아이들이 울타리를 넘다가 넘어지거나 테라스 모서리에 다치지 않도록 미리 살펴야 한다. 매달아 둔 그네와 밧줄 그리고 나무로 만든 집에 걸쳐놓은 사다리는 안전하게 장착되어 있는지 등은 수시로 점검해야 한다. 작은 연못부터 수영장까지 물이 있는 곳이라면 반드시 안전을 한번 더 확인해야 함은 두말할 필요가 없다.

여하튼 이렇게 부모가 아이를 늘 지켜보더라도 아이는 스스로 자유롭다고 느낄 수 있어야 하는데, 좋은 방법은 아이의 놀이 공간을 분리하는 파티션을 세우는 것이다. PVC로 만든 격자 판넬(래티스)이나 대나무로 파티션을 만들면 틈새 사이로 아이를 지켜볼 수 있다. 그리고 야외에 만든 아이 집은 반드시 집 창문에서 볼 수 있는 곳에 위치해 있어야 한다.

데커레이션을 욕심내지 마라

야외(실외)에 마련한 놀이 집은 아이에게는 최고의 환경이다. 그곳은 아이에게는 자기만의 공간이자 장난감을 보관하고 자기의 보물을 모아둘 수 있는 곳이다. 이런 놀이 집이 플라스틱으로 만든 지나치게 화려한 구조물이라면 마당과 어울리지 않는다. 나무로 만든 제품들이 보기에도 좋고 훨씬 잘 어울린다. 그러나 나무로 주문 제작하는 오두막은 많이 비싸다. 직접 디자인을 하고 목수를 고용해서 만든다면 경비를 줄일 수 있다. 아니면 허름한 창고를 놀이 집으로 개조하는 것도 괜찮다. 어린아이에게는 문과 창문이 많은 디자인이 좋다.

놀이 집 외부 마감은 집과 조화를 이루는 색상으로 정해 칠하고, 내부는 아이가 꾸밀 수 있게 한다. 창문에는 천 조각들을 누름 핀으로 고정해 커튼처럼 꾸미거나 아이용 미니 의자와 탁자 세트를 놓아준다.

예산에 여유가 있다면 수도, 조명, 난방 같은 기본 설비를 갖춰주는 것도 좋다. 그렇게 만들면 아이의 야외 놀이 공간은 가족의 여름 집으로 사용할 수 있을 정도로 세련된 공간이 된다. 놀이 집은 훗날 아이의 개인 작업실로 사용하거나 손님용 방으로 이용할 수도 있다.

아이에게 야외에 있는 놀이 집만큼 매력적인 것은 없다. 나무 판재로 벽과 지붕을 만들고, 문을 달아 굉장히 단순하고 엉성해 보여도 이런 동화 같은 분위기를 아이들은 좋아한다. 그러나 야외에 설계하는 놀이 집은 방수가 필수다. 내부는 페인트를 칠하거나 벽지로 꾸미고, 바닥은 안전하게 고무 매트를 깔아준다.

아이가 더 크기 전에 한 번은 시도해 볼 것

나무 위의 집은 어떻게 활용하느냐에 따라 또 다른 매력적인 공간이 될 수 있다. 크기를 아주 작게 만들면 오로지 아이들만 출입할 수 있다. 아니면 크게 만들어 모든 가족이 저녁 식사를 즐길 수 있게 할 수도 있다. 야외 데크처럼 만든 뒤 사다리나 별도의 장식물을 달아서 더 재미있는 공간으로 만들 수도 있다. 해먹을 설치하거나 길게 이어 만든 중국풍 한지 조명을 늘어뜨릴 수 있고, 줄로 만든 사다리나 외줄 그네를 설치할 수도 있다. 나무 위의 집은 튼튼한 나무로 짓고, 밝은 색상의 페인트를 칠하면 가족 모두의 공간으로 사용할 수 있다.

돌멩이나 꽃, 나뭇잎 등으로 소꿉놀이를 했던 유년의 기억은 그 어떤 교육보다 효과적이다. 즐겁고 신나게 놀 수 있게 소품에도 신경을 쓰자. 이런 작은 배려가 인위적인 인테리어보다 더 아름답다.

DECORATING

이왕이면 먹고 놀고 쉬는 공간을 따로따로

야외 공간을 아이들이 좀 더 사용하기 편하게 계획할 때는 이용 가능한 공간을 활동별로 구체적으로 나눈다. 이상적인 형태로 본다면 뛰어놀 수 있는 공간, 탁자와 의자를 놓는 데크, 마당 가장자리에 모래 놀이터 등을 갖추면 좋다.

활동 범위에 따라 공간을 표시하는 방법도 여러 가지로 생각해 볼 수 있다. 키가 큰 식물을 심어서 공간을 나눌 수도 있고, 잔디 위에 밟고 다닐 수 있

정원에 상상력을 자극하는 여러 가지 장식을 하면 아이들의 상상력은 무궁무진해진다. 무성하게 자란 풀이 있는 벽에 커다란 거울을 걸어보자. 마치 동화 속 동굴처럼 보일 지도 모른다. 또 벽에 거의 실물처럼 보일만큼 똑같게 문을 그리면 매우 입체적이어서 아이들이 그 속으로 들어가고 싶어 할지도 모른다. 환상 속 비밀 세계로의 초대를 받아들이는 장면이 아이들 머릿속으로 펼쳐질 것이다.

마당에 잔디만 펼쳐져 있다면 나무 울타리나 대나무처럼 빨리 자라는 식물로 경계를 지어준다. 아이들한테는 확 트인 공간보다는 술래잡기 놀이에 알맞은 오밀조밀한 공간이 다양하게 있는 것이 좋다. 그리고 실내에서 하던 놀이를 실외로 확장시켜 더 재미있게 놀 수 있도록 살펴준다. 방에서 하던 공놀이도 실외에서는 활동 폭도 커지고, 아이의 운동량도 급격하게 늘어나므로 아이는 놀면서 스트레스를 풀 수 있다.

아이들을 지켜볼 수 있는 조건을 갖추고 있다면 아이들끼리 오랜 시간 동안 물놀이를 즐길 수 있도록 하는 것도 좋다. 이 집 수영장에는 아이들이 좋아하는 보트나 튜브, 플리퍼(물갈퀴)와 스노클(잠수 환기 장치)을 준비해두었다. 더 어린아이를 위해서는 원형 튜브를 준비해 안전하게 놀 수 있도록 한다.

는 발바닥 돌을 놓아 구분할 수도 있다. 또는 시중에서 판매하는 격자 모양의 파티션을 세울 수도 있다.

아이들은 인조 잔디가 깔린 넓은 공간에서 트램플린 하는 것을 좋아하고, 미끄럼틀을 오르기도 좋아한다. 그러나 드넓은 자연에서 뒹굴며 노는 것만큼은 아니다. 아이들이 먼지 없는 환경에서 놀기를 바란다면 마당 한쪽에 대나무, 팜나무, 야생초와 꽃을 심는다.

그냥 그런 정원 스타일에서 벗어나는 법

그렇지만 이런 놀이 환경은 작은 공간에서는 불가능하다. 마당이 좁아 공간을 나눠 계획할 수 없다면 꾸미는 일에 집중하는 것이 낫다. 작은 정원은 넓어 보이도록 전체를 같은 바닥재로 사용하는 것이 좋다. 자연석 느낌이 나는 타일이나 나무 데크, 벽돌 그리고 철평석(디딤석)은 정원 바닥용으로 매우 좋은 자재들이다. 그리고 일정한 공간을 차지하는 화단 대신 화기 여러 개에 상록수를 심어 울타리 또는 파티션 대용으로 활용한다. 세련된 장식으로 보이고, 아이들이 공을 차며 놀아도 넘어지거나 하지 않고 튼튼한 보호막 역할을 한다.

단단하고 내구성이 좋은 바닥재는 실용적이기는 하지만 아이들은 털썩 주저앉아 책을 읽을 수 있는 잔디를 더 좋아한다. 잔디밭이 작더라도 주변을 석회석으로 둥글게 싸서 멋진 길을 만들면 아름다운 조형미를 뽐낼 수 있고, 작은 텐트 정도는 세울 공간을 충분히 확보할 수 있다.

우리 집만의 특별한 모래 놀이터

아이들이 몇 시간이고 싫증 내지 않고 잘 노는 야외 놀이 중의 하나가 모래 놀이다. 가게에서 구매하는 모래 놀이터 틀은 지나치게 화려해 자칫 유치해 보이므로 그게 싫다면 우리 아이만의 모래 놀이터를 만드는 것도 괜찮다. 처음부터 모래 상자를 마룻바닥에 삽입하여 시공해본다. 이럴 때는 반드시 모래 상자 덮개를 만들어 평상시에는 덮어둘 수 있어야 한다. 그래야 모래가 날리거나 흐트러지지 않는다.

야외 공간에 수도 시설을 계획한다면 아이에게 더 큰 만족을 준다. 온수가 나온다면 더 좋다. 여기에 아이가 사용하기 쉬운 수도꼭지를 달면 스스로 나무에 물을 줄 수도 있고 물놀이도 즐길 수 있다. 만약 큼직한 정원용 화분이 있다면 수도 밑에 놓아 아이들이 욕조처럼 사용할 수 있게 해준다. 아이들은 노천 온탕에서 노는 듯한 재미와 더불어 물놀이 겸 목욕을 더 재미있게 할 것이다.

안전을 생각해서는 아이가 열 살이 되기 전까지는 물고기가 사는 연못은 만들지 않는 것이 좋다. 그러나 벽에 자동 펌프식 인공 분수대를 달아주면 물을 가까이하면서 즐겁게 놀 수는 있다. 이런 분수는 물이 돌고 도는 방식이

도시에서의 야외 놀이 공간은 작고 한정적일 수밖에 없다. 안타까워하지 말고 즐겁게 놀 수 있는 도구를 마련하여 아이를 기쁘게 할 수 있는 방법에 집중한다. 물 호스, 아동용 얕은 풀장과 수도 시설을 갖춘 이 집 옥상은 뜨거운 여름을 반기게 하는 매력적인 곳이다. 물놀이 장비는 싸고 재미있다. 물총 또는 전형적인 정원 스프링클러에 부착한 물 스프레이는 아이들이 좋아한다. 아동용 풀장은 공기를 넣는 튜브 스타일보다 튼튼한 것을 선택하는 것이 좋다. 모래 상자도 단단한 것으로 준비해 안전하게 놀 수 있게 한다.

라 물웅덩이를 만들지는 않는다.

집은 아이에게 가족이며 추억

야외에서 하는 식사는 아이에게 무척 신나는 일이다. 이는 어른도 마찬가지다. 야외에 간단한 탁자만 있어도 즉석으로 야외 식사를 쉽게 할 수 있다. 야외용 가구는 사계절 사용이 가능한 금속 또는 목재로 된 가구를 사야 몇 년을 써도 튼튼하다. 추가로 티크 원목으로 만든 작은 크기의 데크용 가구나 밝은 색의 캔버스 천으로 만든 미니 접이 의자도 준비하면 다양하게 활용할 수 있다. 정자를 세우고 덩굴식물을 심어 줄기를 늘어뜨리면 특별한 정취를 더할 수 있다. 잎이 우거진 그늘 아래에서 가족 바비큐를 했던 경험은 어린 시절의 멋진 추억이 되어준다.

아이는 사다리나 미끄럼틀 같은 타고 올라갈 수 있는 구조물이 있고, 뛰어놀 수 있는 잔디가 넓게 깔린 마당을 좋아한다. 그래서 마당에 굳이 화초를 재배하고, 화초를 돌봐야 하는 것은 아니므로 재배법을 알아야 할 필요는 없다. 그렇지만 아이에게 작은 텃밭을 가꾸게 하면 자연을 존중하는 마음이나 자연에서 얻을 수 있는 혜택 등을 스스로 배우게 된다. 이 집 마당처럼 아이의 놀이 집 주변으로 녹음이 우거진다면 자연적으로 햇빛을 가릴 수 있다. 그렇지 않다면 차양 또는 작은 텐트를 설치해 주는 것이 좋다. 덩굴식물을 아치 형태로 키워서 그늘을 만들어보는 것도 좋다.